马克笔建筑体块

手绘表现技法

李国涛 著

人民邮电出版社

北京

图书在版编目（ＣＩＰ）数据

马克笔建筑体块手绘表现技法 / 李国涛著. -- 北京：
人民邮电出版社，2020.12（2022.3重印）
ISBN 978-7-115-54990-7

Ⅰ．①马… Ⅱ．①李… Ⅲ．①建筑画－绘画技法－教
材 Ⅳ．①TU204.11

中国版本图书馆CIP数据核字(2020)第187829号

内 容 提 要

马克笔建筑手绘是设计专业院校学生必修的基础课程，是设计师和设计类学生求职、升学中必须掌握的技能，也是商业设计师在定设计方案前反复推敲设计细节最有效的表现手段。本书作者是高校教师，有多年一线教学经验与项目实战经验，他以一个教师和设计师的视角，通过特别容易理解的"体块"概念来分享马克笔建筑手绘的详细步骤，全面地解析马克笔建筑体块手绘表现技法。

全书分为 7 章，第 1 至 3 章讲的是手绘基础，即工具、线和透视的相关知识，以"实践+研究"的思路来介绍体块手绘技法基础；第 4 至 5 章讲解了建筑手绘常见元素配景和局部体块的绘制方法，例子结合实际具有代表性，讲解细致，有助于读者结合院校的理论性学习进行实践；第 6 至 7 章介绍了典型建筑整体草图绘制技法，让读者可以掌握建筑手绘应用技法的同时接触实战，为接下来深造考研或者毕业求职打下良好基础。

本书可作为景观设计、室内设计、建筑设计相关专业学生和手绘设计工作者的自学用书，也可作为大专业院校、社会培训机构的教材或参考用书。

◆ 著　　　　　李国涛
　　责任编辑　　何建国
　　责任印制　　陈　犇
◆ 人民邮电出版社出版发行　　　北京市丰台区成寿寺路 11 号
　　邮编　100164　　电子邮件　315@ptpress.com.cn
　　网址　https://www.ptpress.com.cn
　　北京宝隆世纪印刷有限公司印刷
◆ 开本：787×1092　1/16
　　印张：10.5　　　　　　　　　2020 年 12 月第 1 版
　　字数：269 千字　　　　　　　2022 年 3 月北京第 2 次印刷

定价：89.80 元
读者服务热线：**(010)81055296**　印装质量热线：**(010)81055316**
反盗版热线：**(010)81055315**
广告经营许可证：京东市监广登字 20170147 号

目 录/Contents

第 5 章

建筑手绘体块几何形体表现技法

第 7 章

建筑手绘作品赏析

第 6 章

单体建筑手绘体块表现技法

第1章

建筑手绘工具介绍

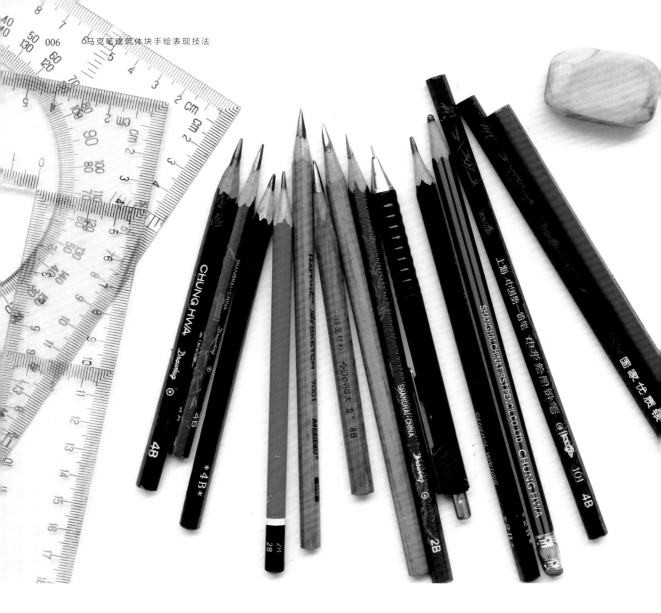

1.1 线稿笔和辅助工具

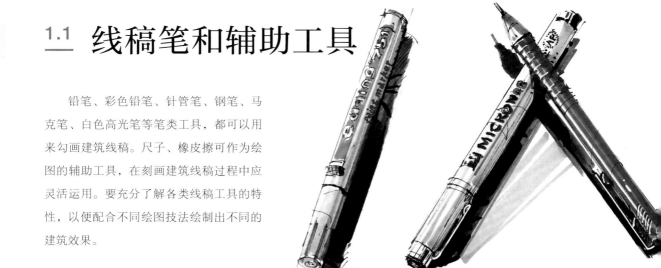

铅笔、彩色铅笔、针管笔、钢笔、马克笔、白色高光笔等笔类工具，都可以用来勾画建筑线稿。尺子、橡皮擦可作为绘图的辅助工具，在刻画建筑线稿过程中应灵活运用。要充分了解各类线稿工具的特性，以便配合不同绘图技法绘制出不同的建筑效果。

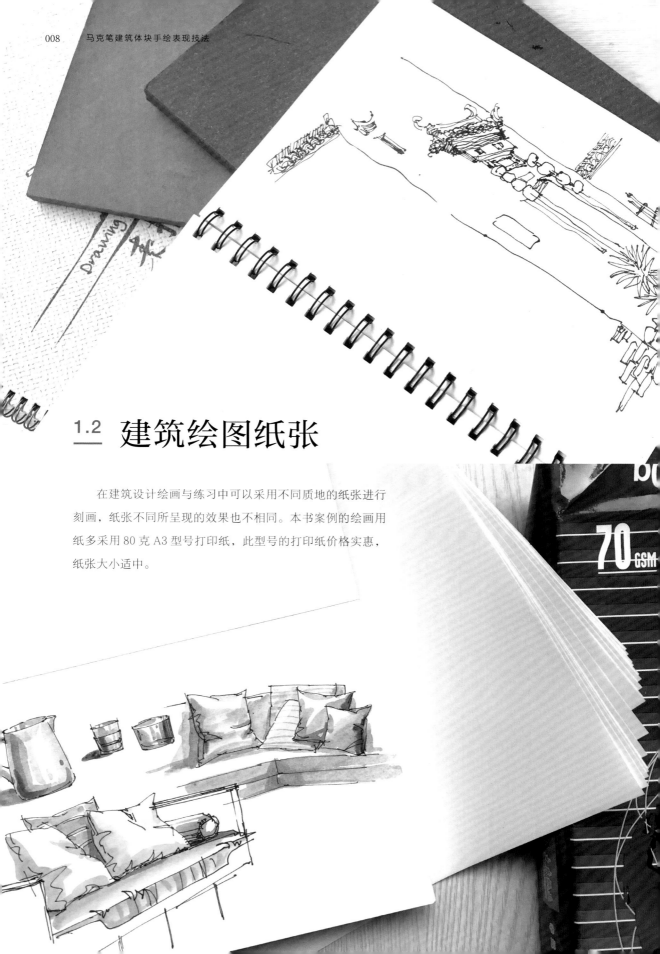

1.2　建筑绘图纸张

　　在建筑设计绘画与练习中可以采用不同质地的纸张进行刻画，纸张不同所呈现的效果也不相同。本书案例的绘画用纸多采用 80 克 A3 型号打印纸，此型号的打印纸价格实惠，纸张大小适中。

1.3　马克笔

　　马克笔色彩丰富，笔尖方硬，具有独特的表现形式，能快速完成色彩渲染，表达设计意图，传递设计灵感。马克笔分为水性马克笔、油性马克笔两大类，使用较为广泛的是油性马克笔。

　　读者在初学阶段应准备数量齐全的马克笔，大约 100 支就够用了。也可以按照色彩购买，如蓝色系 20 支、绿色系 20 支、黄色系 20 支、红色系 20 支、灰色系 20 支等。

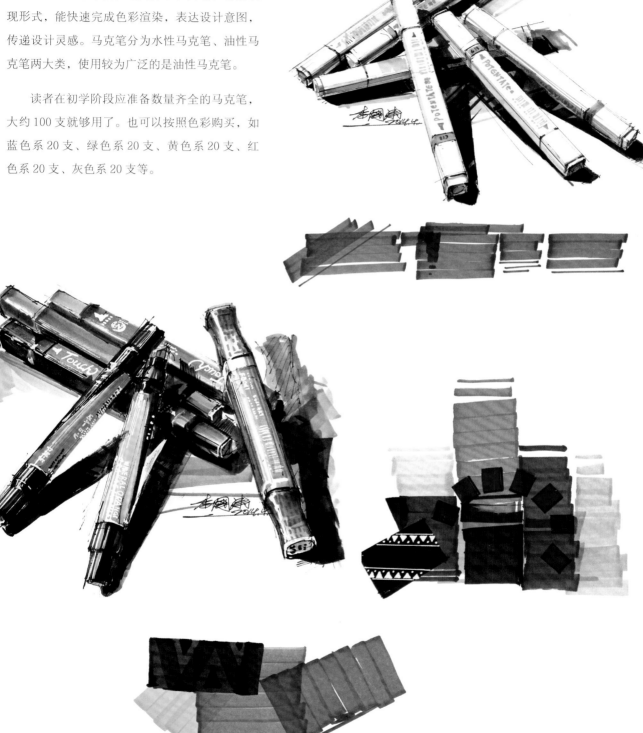

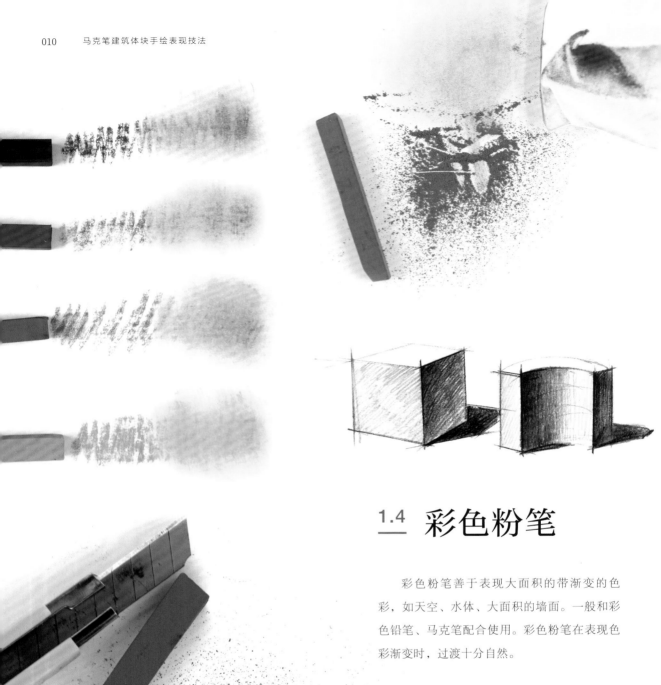

1.4 彩色粉笔

彩色粉笔善于表现大面积的带渐变的色彩，如天空、水体、大面积的墙面。一般和彩色铅笔、马克笔配合使用。彩色粉笔在表现色彩渐变时，过渡十分自然。

第 2 章

建筑手绘线的训练

2.1 直线训练 2.2 曲线训练

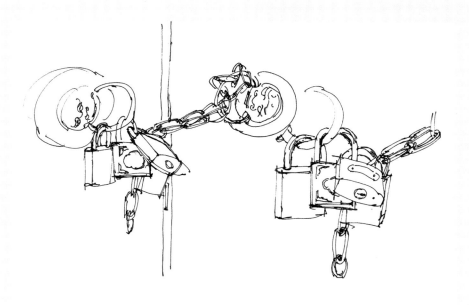

本书建筑线稿主要使用铅笔、直尺和针管笔绘制，为使读者能更快、更好地学会建筑手绘效果表达，本书多采用尺规画图为主、徒手表现为辅的手绘表现方法。

在手绘练习阶段，徒手练习线条的绘制是非常重要的，也可以锻炼眼、手、脑的协调能力。

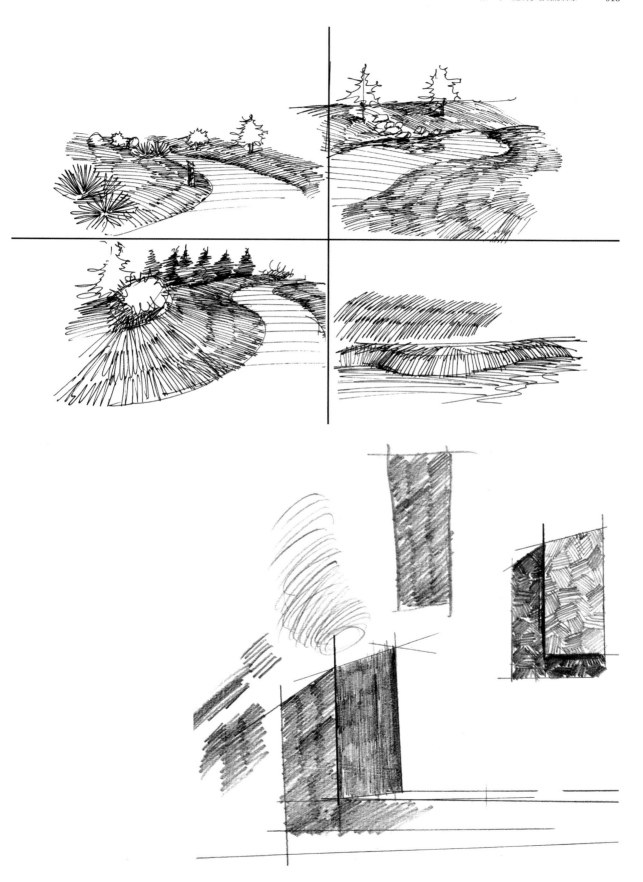

2.1 直线训练

直线是在效果图绘制过程中使用最多的线条，大到整个空间的直线，小到一个装饰物的直线。

徒手画直线

在徒手画直线时应注意起笔和收笔。徒手练习画直线时建议一开始先画 5~6cm 长度，然后再练习画 8~10cm 长度。因为一开始就画超长的直线不容易画直，会打击读者的信心，但画太短的直线又起不到练习的作用。

在徒手画直线练习过程中，建议多练习刻画两条平行直线，因为物体中经常有双线同时出现的情况。注意，徒手画直线要求线条流畅，笔触清晰。

直尺刻画直线

用尺子画线相对要容易很多，但是也要认真练习。

练习画直线时应手、脑、眼同时结合使用（练习时不要为画线而画线），画直线时应有具体的内容与标准。也就是把直线画在"形体上"，如桌子的桌面、桌腿、桌角上等。

下面是用直线刻画方形、扇形的练习。

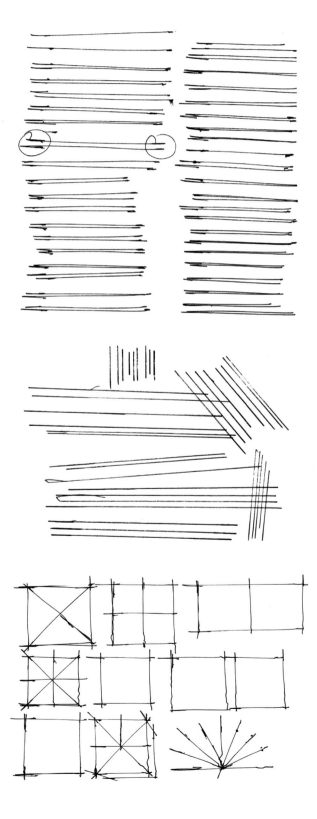

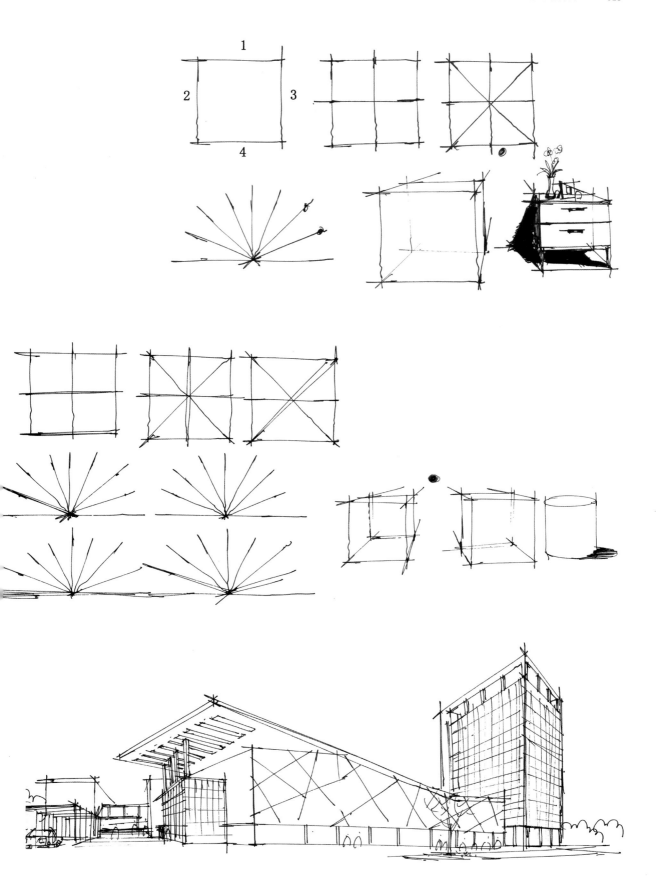

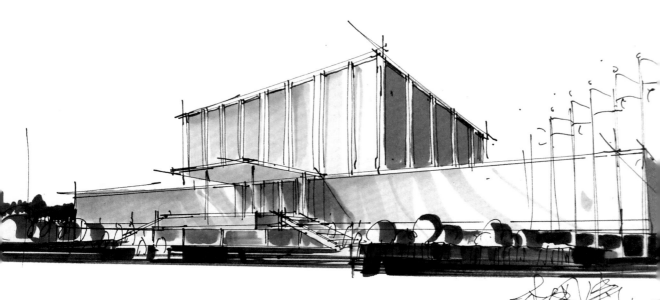

2.2 曲线训练

　　在建筑线稿中曲线、弧线的运用非常广泛，主要用于绘制景观元素，如建筑小品和植物等。在表现植物叶片时，多采用不规则的曲线、折线、回形线等。 对初学者来说画植物的曲线较难，但是只要结合要表现的具体"形体"稍加练习就可以掌握，绘制时应注意表现叶片筋脉的走向和树冠的轮廓。

　　如树冠的轮廓通常是几种曲线的组合搭配，包括 "几"字形、"Z"形、"S"形等形状。

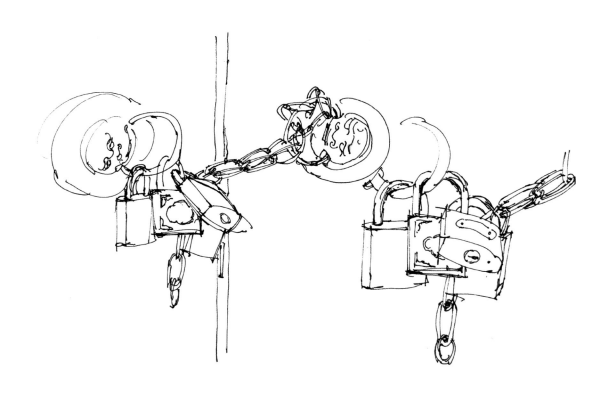

第 3 章

建筑手绘透视基础知识

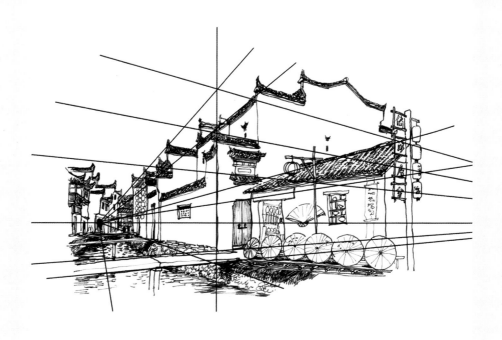

透视图是运用透视原理在二维平面图上表现出的有相对稳定立体特征的画面空间。

画透视图时需要假想物体与观者的位置之间有一个透明平面，观者对物体各端点的视线与此平面的交点连接所形成的图像即为透视图。

透视原理是在二维平面的纸张上建立起三维立体效果的重要方法，若透视关系不正确则很难建立起正确的空间结构。这也是大多数读者画不好效果图的重要原因之一。

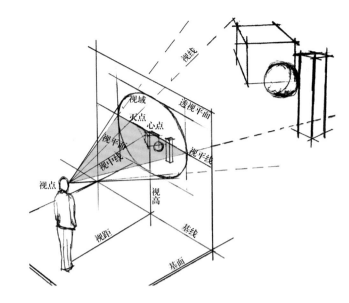

刻画简单物体的透视关系有助于更好地理解透视与形体，以及形体与形体之间前后遮挡的空间结构关系。无论是室内设计还是建筑设计都经常用到透视原理。

下面几幅图是徒手表现的一点透视和两点透视的体块，可帮助读者理解透视的基本原理与其呈现出来的效果。

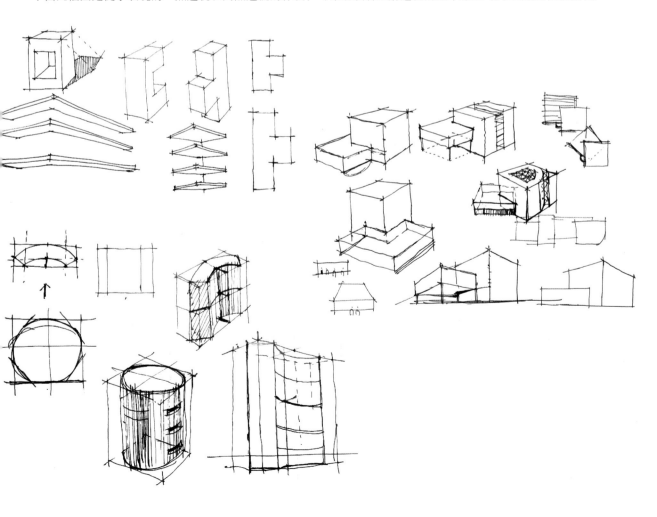

3.1 一点透视训练

　　一点透视又叫"平行透视"，所表现物体的一个主要立面平行于画面，其他线垂直于画面，斜线都消失于一点（消失点），消失点一定在视平线上。透视空间的长度、宽度、高度的比例需根据被画物体的比例决定，也就是说透视空间图中的物体是有严格的尺寸的，读者在画图时应严谨、规范。

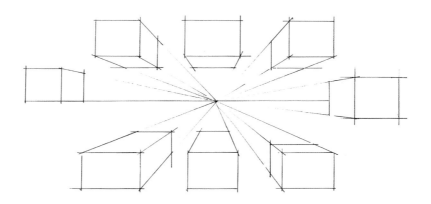

　　下面的训练以长 5000mm、宽 4000mm、高 2800mm 的简单空间为例，比例尺为 1 ：50（图纸上的 2cm 等于实际空间中的 1m）。

　　第一步 将视平线定在画面的下 1/3 或下 3/5 左右的位置上。

　　第二步 在视平线往下 2cm 处（相当于视平线在实际空间中 1m 高的位置）画一条平行直线作为基线，在基线中间位置画出 4000mm 作为空间的宽，在 4000mm 的两端向上画出两条垂直线。画出高度为 2800mm 的一个矩形，将其作为空间的一个墙面（空间中最里面的墙）。在视平线上选一点为消失点 V（一般消失点定在画面的中间稍微偏右侧或偏左侧，很少定在画面的正中间）。

第三步 在墙的右侧基线上分别画出 5000mm 上的各个点的位置（间距 1m）。在 5000mm 的基线端点引出一条与水平线夹角为 60° 的射线，在此射线与视平线的交点处定出测点 M。

第四步 分别连接测点与基线上 5000mm 上的各个点（间距 1m），并在地面墙角线上画出地面网格线。

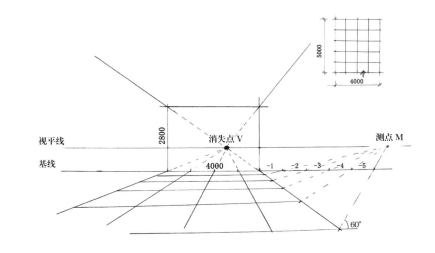

在空间地面上画出网格定位，再画出网格上的各个矩形的高度。这些是进行一点透视练习时的重点，要求透视正确。

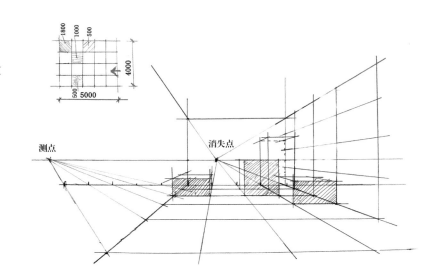

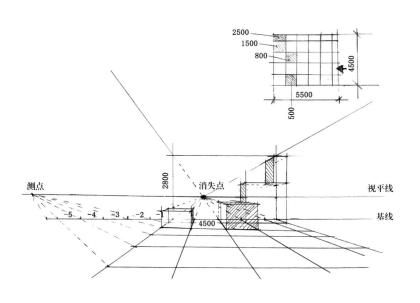

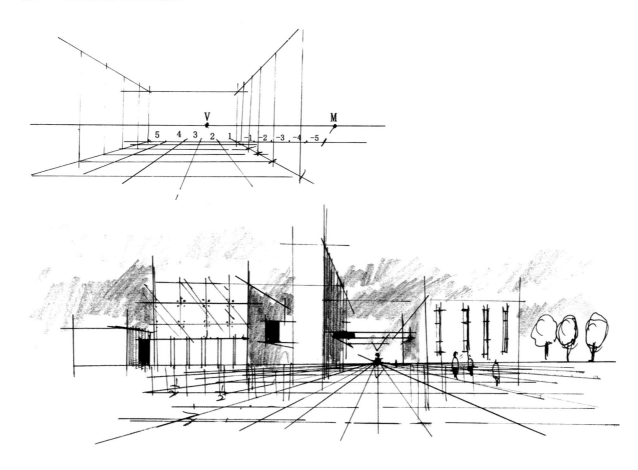

3.2 两点透视训练

两点透视又叫"成角透视",是由两个消失点形成的透视。两个消失点在同一条视平线上。两点透视的视觉效果比较灵活、自由,能直观地反映空间效果。两点透视法多用于表现建筑一角或街巷一角。

一点透视、两点透视都有视域的问题。一点透视时此问题不明显可以忽略,但是两点透视时就要引起注意。右图中粗圆圈为60°视域范围,是有效的视域,在其中绘画时,被画物体不会产生透视变形的问题,视觉效果较好。细圆圈为90°视域范围,在这个圆圈附近的物体会出现透视变形的问题,视觉效果不够真实,但透视关系都是正确的。

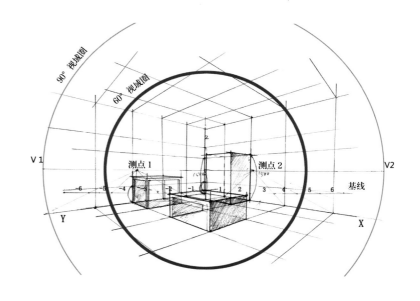

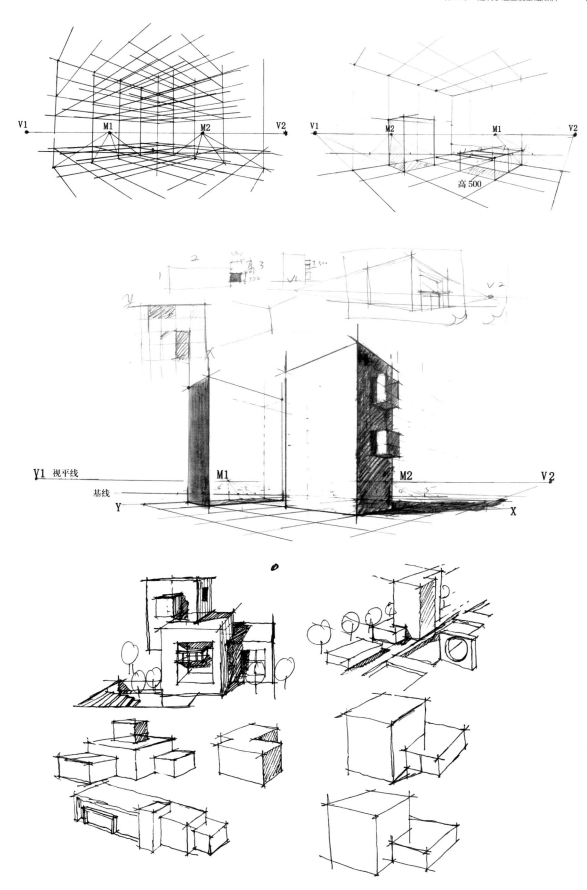

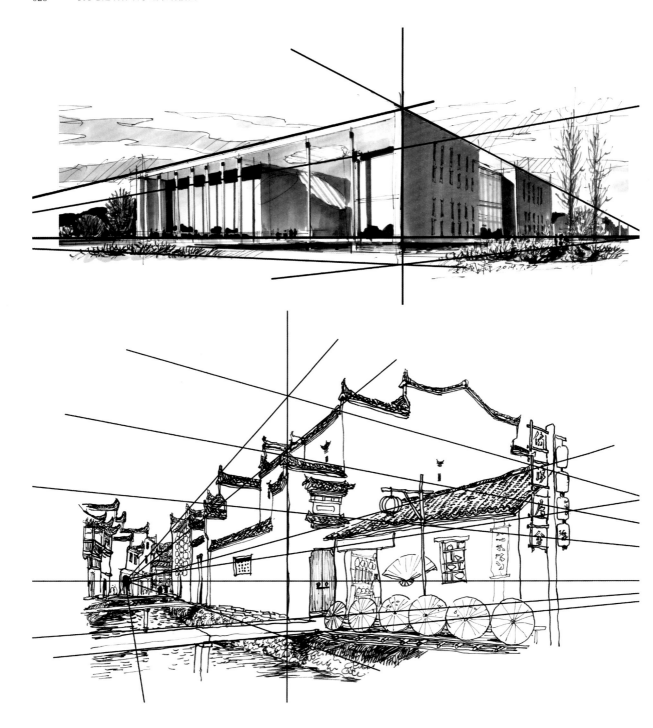

3.3 构图取景方法

构图取景时应选择表达设计方案的最佳角度，表达思路可以来源于设计方案、设计预期、设计理念和实际场景等，也可以来源于设计师的内心感受。总之，构图与取景的主要感受者和传达者是设计师，目的是向观者全面地展示设计方案的内容。

　　构图与取景就是"经营画面"，是将要表现的建筑或物体合理地安排在画面中适当的位置上，形成统一、协调的完整画面。

　　构图分为横式构图、竖式构图、方形构图、矩形构图、三角形构图、"Z"形构图、"S"形构图、"U"形构图和斜构图等。竖式构图具有高耸上升之势，使得建筑更显雄伟、挺拔；方形构图使画面具有安定、大方、平稳之感。如果读者不确定应选择哪种构图，可以先对建筑与环境进行观察和感受，然后再决定选用哪种构图与取景方式。

○ "Z"形构图

○ 矩形构图

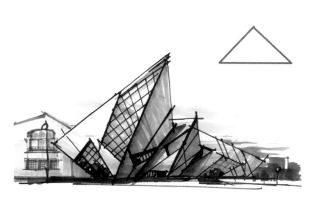

○ 三角形构图

○ "U"形构图

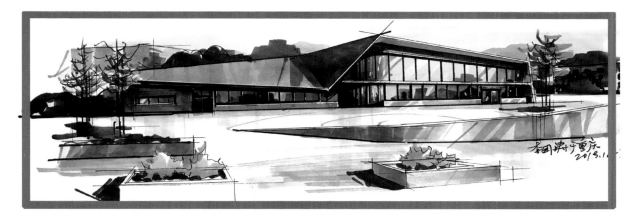

○ 横式构图

第 4 章

建筑手绘元素配景基本体块表现技法

4.1 马克笔笔触技法

当我们把马克笔握在手里的时候，笔杆的重量、笔尖与纸面接触的感觉、笔尖出水量的多少、笔尖与纸面的夹角……这些都是初学者要细心感受的。只有牢记运笔的方法、次序和力量，才能很好地绘制效果图，表达设计方案。学习马克笔技法的过程就是学习控笔的过程，需掌握驾驭笔的能力。

4.1.1 马克笔重复运笔技法

下图所示为马克笔笔尖平贴在纸面上，左右或上下反复涂画的效果。握笔应有力度，运笔应肯定、大胆，不能似画非画、犹豫不决。

4.1.2　马克笔排笔笔触技法

使用排笔笔触绘制时，应一笔接一笔均匀地排列，形成一个色块，排笔笔触可以用于表现物体的基本色彩关系。在色块的基础上画出"Z"形的渐变笔触，便可以表现色彩由深到浅的渐变效果。

运笔时，笔触应该有宽窄、大小的变化，这样才能呈现出灵活生动的笔触效果。表现不同的物体时，笔触效果也应不同。

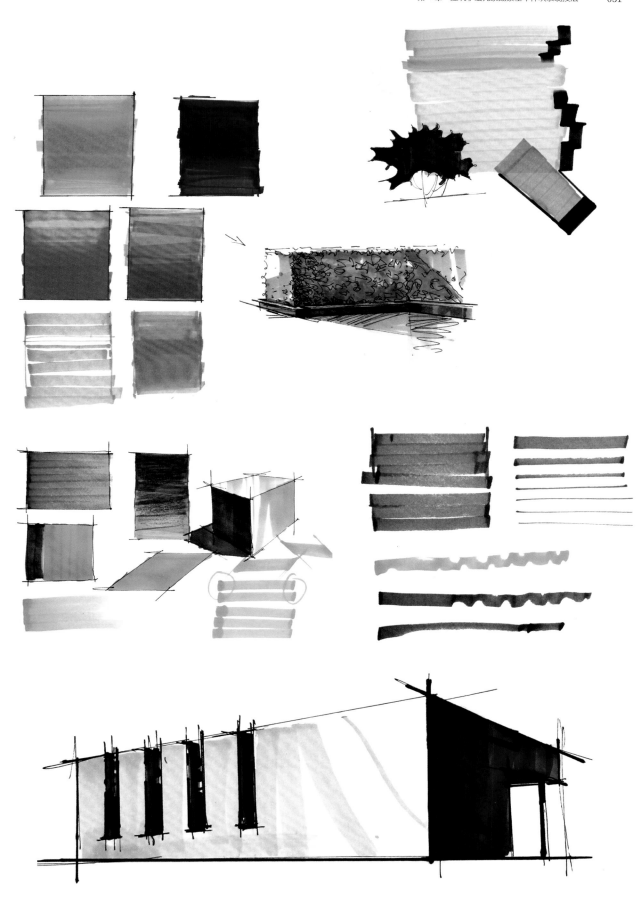

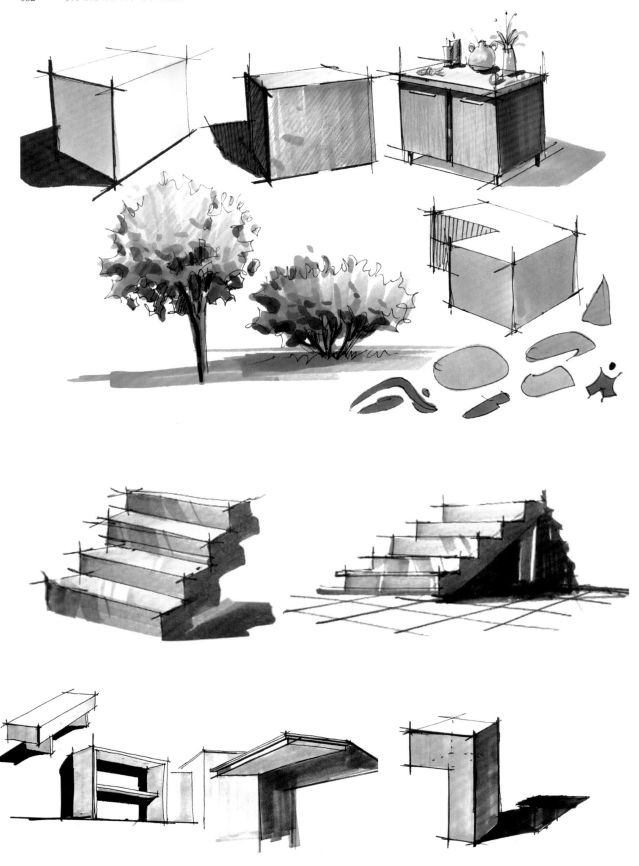

4.2 花卉、草本植物表现技法

植物不能简单概括成几何形态，应表现出植物生长所具有的自然鲜活的形态特征。平时多观察、思考，描绘出来的作品才会清新、自然、富有生机。避免绘制的植物凌乱的秘诀是强调、突出植物的基本形态。

初学者可以借助几何形态的表现方式理解植物形态，并找到合适的表现手法。

自然界中生长的花卉、草本植物品种繁多，姿态各异。通常，每种花卉与草本植物的叶片都有其基本的形态，通过这些基本的形态来表现叶片的走势、疏密关系和明暗关系，就能更容易地绘制了。植物的叶片应注意使用流畅、自然的线条来刻画。

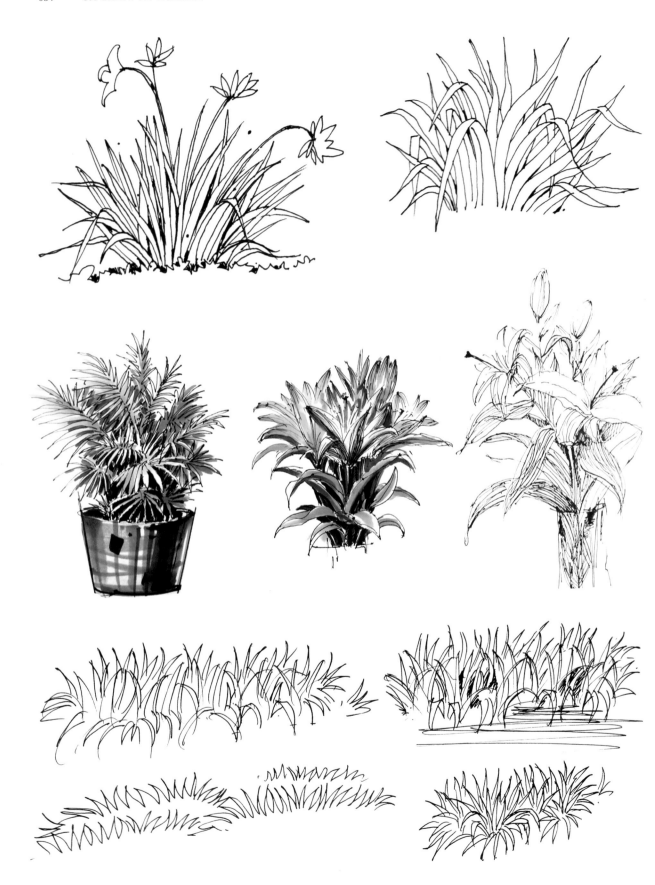

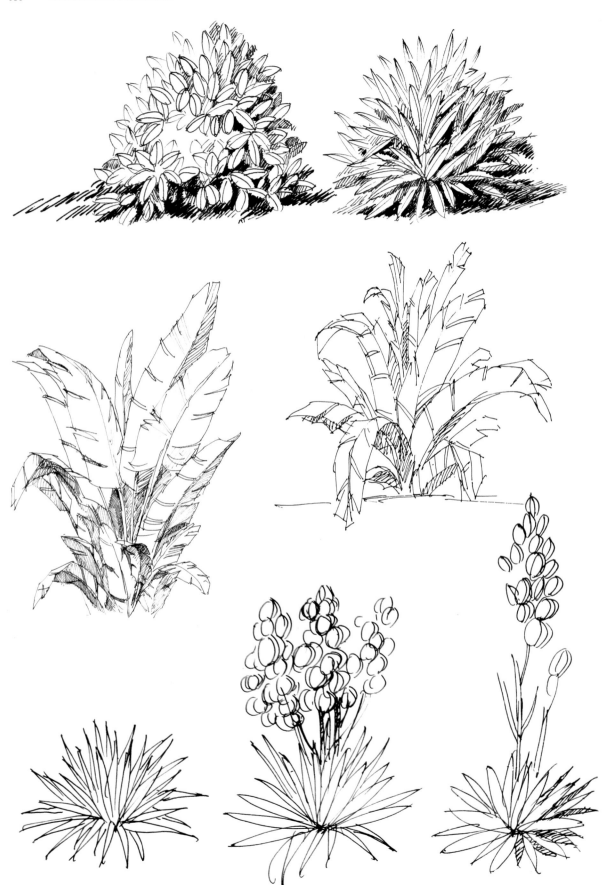

4.3 灌木、乔木表现技法

灌木、乔木经常出现在景观、建筑环境设计中，是景观设计的重要组成部分。生活中大部分的灌木会被修剪成球体、长方体等几何形体，乔木也会被修剪成美观的形态。自然生长未被修剪的灌木、乔木会呈现出丰富多样的形态。

植物的形态多采用曲折线条来刻画，灵活生动、富有动感。

灌木、乔木类植物所在的空间位置可以分为近景、中景、远景 3 个部分。

近景植物

应描绘得细致具体，如树冠处叶片的走向，树干的前后遮挡与穿插关系。同时应注意树冠的形态不能松散，否则植物就会失去基本形态。

中景植物

中景植物的表现应最为丰富，形态的呈现应最为完整。中景要概括的树冠、树干最多，也要处理好植物与植物、植物与建筑物之间的前后空间穿插关系，所以较难掌握，读者应多练习。

远景植物

主要概括植物的外轮廓形状，起到烘托主体的作用。

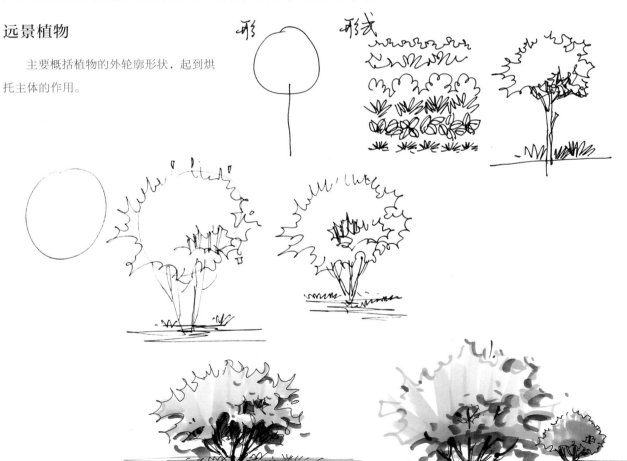

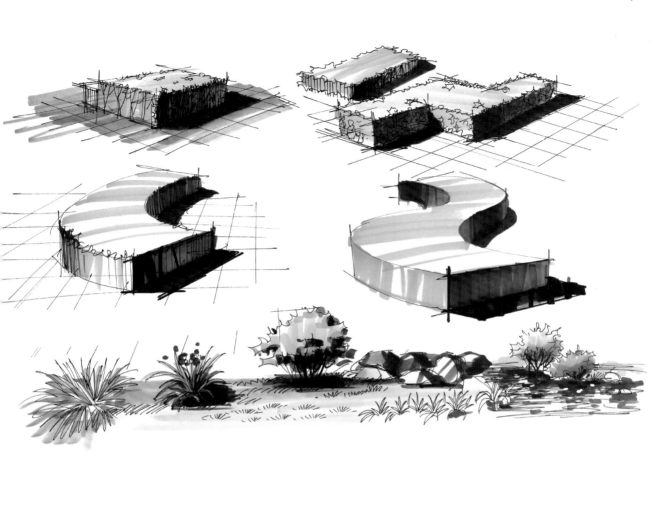

GY16

GB26

G18

GG3

4.4 石材配景表现技法

若要表现墙体的石材与地面铺装的石材，首先要理解石材的砌筑方式，再进行描绘、刻画。绘制时，无论是安装在墙体上的石块还是铺装在地面上的石板，均要以石材的自然形态为描绘范本，再添加自己的理解。同时应准确地表现出石材的结构与尺寸。

初学者应多临摹优秀的作品，学习优秀作品的表现形式与方法，以及表现技巧。在表现一些配景的细部特征时，还应注意墙体、砖块、瓦片间的穿插结构的刻画。

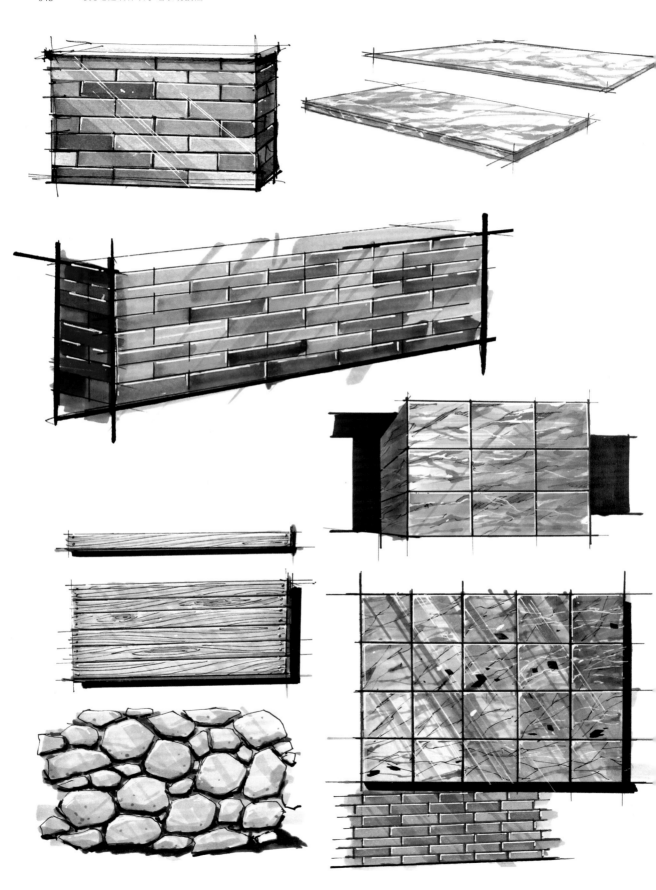

4.5 水体配景表现技法

水分为静态水与动态水两种。画水体时，先画出墨线稿表示水域的载体结构，再用马克笔进行表现。用马克笔刻画水面时主要采用横向水平运笔技法。

4.6 人物配景表现技法

人物配景在绘图表现时具有一定的难度，画人物时要注意表现场景（近景、中景、远景）中人物的各种动态。人物在画面中的位置、比例和作用不同，对其刻画的深入程度也各不相同。人物的表现主要分为近景人物的表现、中景人物的表现、远景人物的表现3种。

远景的人物一般只需勾勒其外形。近景人物占画面的比例较大时，可适当描绘人物的五官及衣褶等细节。

相对来讲，中景人物是较难表现的，因为中景人物的动势要表现准确。在表现中景人物时，可用铅笔画出线稿，人物动势画正确后再用墨线加粗，最后画色彩。

<u>4.7</u> 自行车表现技法

绘制自行车时应把其基本结构交代清楚，既要避免面面俱到的细致刻画，又要能表现出自行车的基本形态与结构。

4.8 电动车/摩托车表现技法

　　电动车／摩托车是较为常见的交通工具，具有体积小、性能好、经济实惠的特点，所以广受欢迎。在刻画时，应重点刻画车的基本结构，包括整体框架、座椅、前后车轮、车把等；再刻画车灯、装饰线等非常重要的装饰。

4.9 汽车表现技法

汽车在建筑效果图中较为常见，能反映出建筑所处的空间环境。

4.9.1 用尺规表现汽车

采用画"梯形"的表现形式，先把汽车的基本结构刻画出来，再细致描绘汽车的具体结构。这种方法十分适合初学者学习掌握。

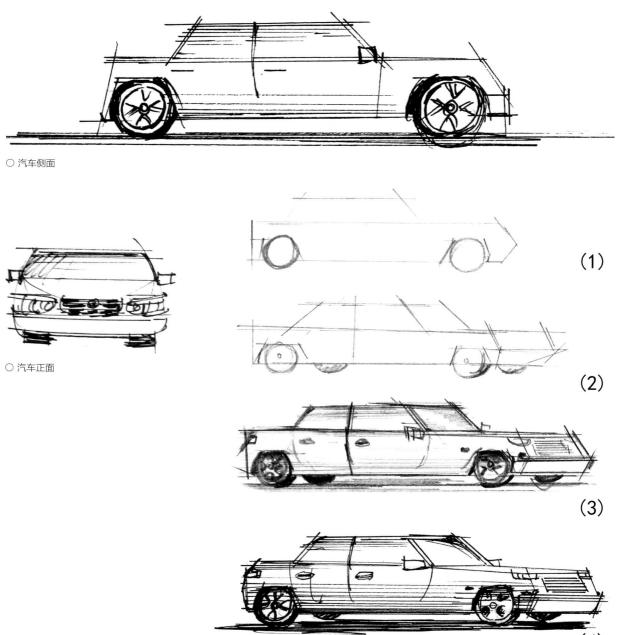

○ 汽车侧面

○ 汽车正面

(1)

(2)

(3)

○ 用尺规表现汽车的步骤

(4)

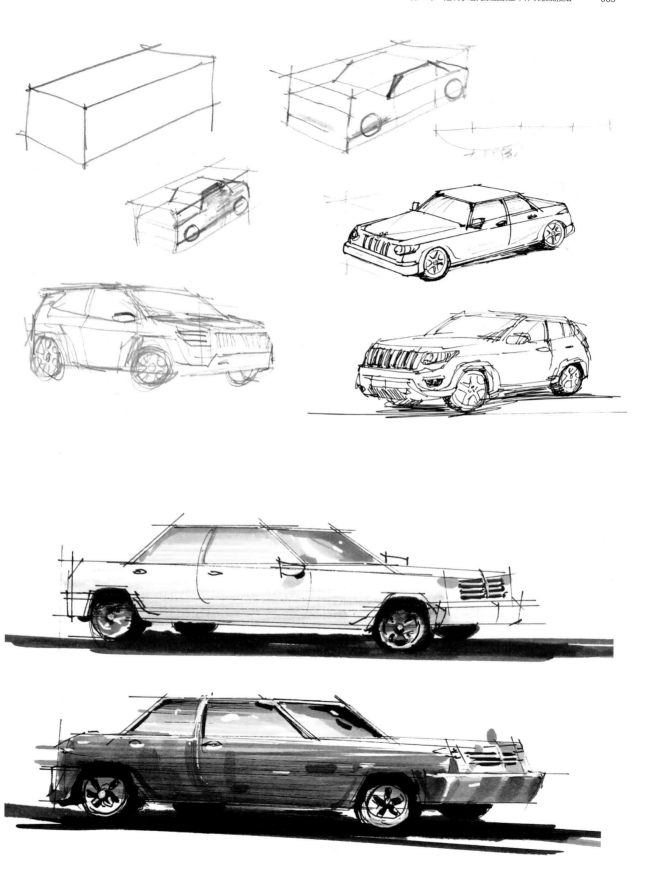

4.9.2 徒手表现汽车

徒手表现汽车相对比较难，读者需充分掌握汽车整体的比例、结构和透视关系。

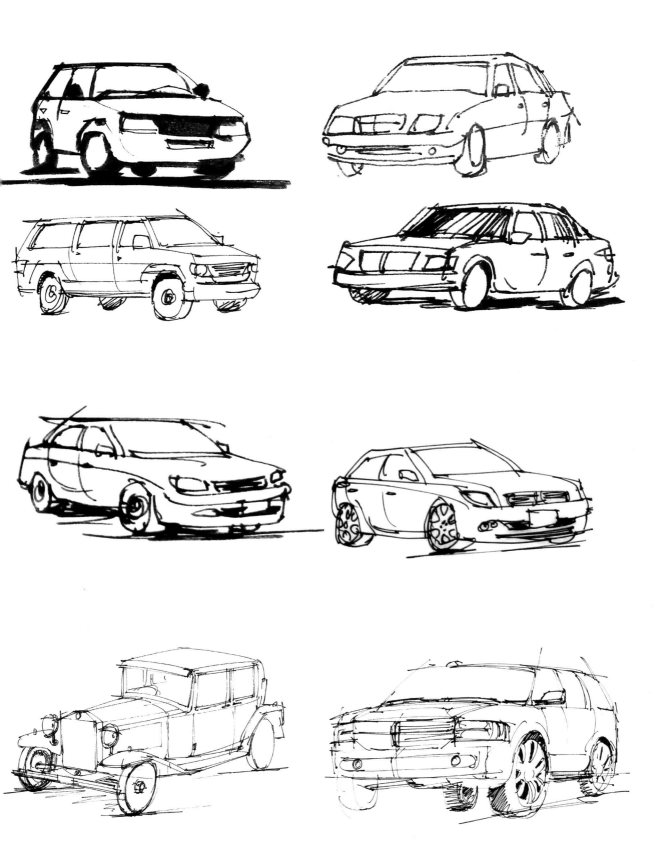

第 5 章

建筑手绘体块几何形体表现技法

5.1 建筑入口体块表现技法

范例一

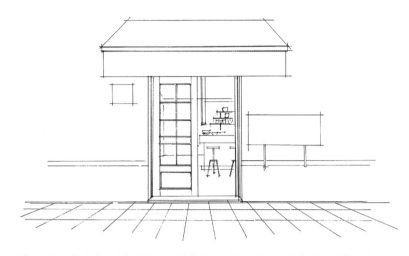

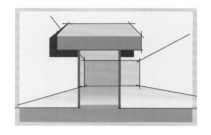

01 分析建筑入口处的体块，包括地面、墙面、雨棚等。分析体块之间的大小、颜色和空间关系。

02 画出铅笔线稿，确定建筑入口处体块的结构，在墨线稿中刻画具体细节。

03 刻画深色屋檐与墙裙。深色雨棚亮面的颜色要浅些才符合实际的色彩关系，注意笔触不能乱。

❶ 雨棚亮面的马克笔笔触要斜向排列，以表现光线的方向。
❷ 马克笔笔触平行排列时，应一笔一画地有序绘制。

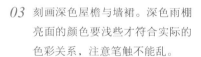

04 无论是蓝色玻璃处的笔触还是投影位置的笔触，均采用尺规辅助绘制。投影的位置、大小要准确。

❸ 玻璃处的蓝色马克笔笔触竖向与横向交替排列，起到了丰富效果的作用。
❹ 雨棚投影位置要正确。

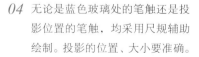

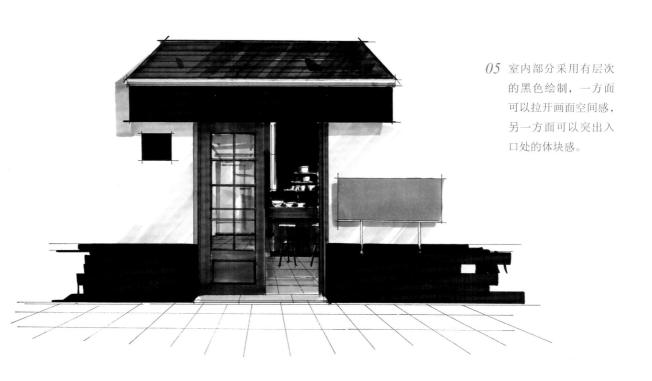

05 室内部分采用有层次
的黑色绘制，一方面
可以拉开画面空间感，
另一方面可以突出入
口处的体块感。

06 此时可以添加装饰性的
细节了，如招牌文字、
光点、投影等，使画面
看起来更加真实。

范例二

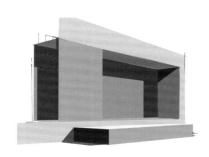

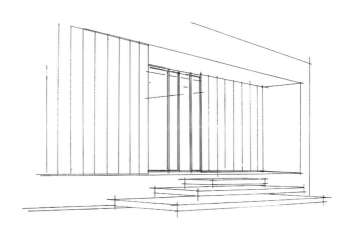

01 分析建筑入口处总体体块的穿插
关系。把复杂形体概括成简单的
体块，便于分析光影与体块的空
间关系。

02 经过上一步的分析，明确入口处的透视、结构和光影，画出线稿。

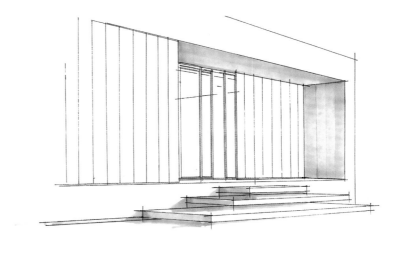

03 用灰色马克笔画出墙体暗面和台
阶暗面，以便快速确定光源位置
和建筑入口的体块结构关系。

04 用暖黄色马克笔刻画木板墙面，
马克笔笔触应竖向排列工整。

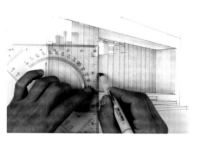

05 直线通常用直尺辅助绘制，直线多用于刻画玻璃、木板墙面、混凝土墙面等。这样可使画面效果干净整洁。

06 采用同色系的黄色粉笔均匀地涂抹木板墙面，再用纸巾把粉末揉擦均匀，起到丰富色彩和木板墙面肌理效果的作用。

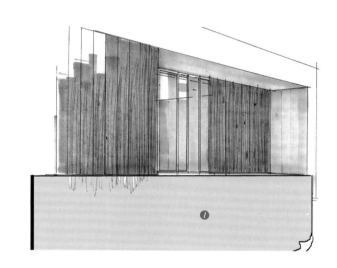

07 为了不把色彩画到不需要的地方，绘制时可以用纸张进行遮挡，如右图所示。

 画木板纹理时，容易画到线稿外面。用一张纸做遮挡，效果更好。

08 仔细地刻画出建筑入口处的每一个细节。

范例三

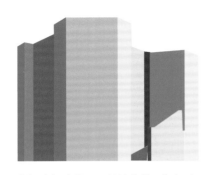

01 分析建筑入口处的体块。将亮面、灰面和暗面这三大面区分开，可为更好地表达空间体块奠定基础。

02 用墨线确定建筑入口处的门、窗、腰线、楼梯等结构。线稿应尽量刻画精细，划分好后续的着色区域。

03 用深灰色、浅灰色区分出建筑入口处的亮面、灰面、暗面。注意马克笔笔触不要画到线稿外。

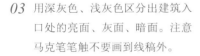

❶ 马克笔笔触可平行排列，也可根据形体结构排列。

04 划分出墙面的亮面和暗面，注意色彩要统一。这一阶段也确定了主要色彩关系。

05 刻画出墙面砖块的细节（重点是
透视与比例）。亮面玻璃的颜色
与暗面玻璃的颜色要统一，但也
要有明度变化。

范例四

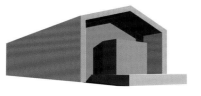

01 分析建筑入口处的体块，明确体
块之间的前后、左右穿插关系，
以及投影的位置。

02 画出墨线稿确定建筑入口处的整体比例、门扇细节、玻璃框架等，注意植物
等配景的线条要流畅。

03 刻画出墙面砖块的细节和色彩。

❶ 先铺一遍深色作为底色（深色效果见左图），在深色的基础上再画出一些斜向笔触，以表现光感。

04 黑色金属边框采用深灰色马克笔来表现，注意不能直接用黑色马克笔上色。

❷ 底部玻璃颜色略深，顶部玻璃颜色略浅。画玻璃时笔触斜向排列，为后续的深入刻画做铺垫。

05 刻画出墙面砖块的色彩变化，表现出蓝色玻璃的色彩，同时要注意笔触的排列。

❸ 反射、投影和折射都混在一起，颜色逐渐加深，但要适可而止。体现出玻璃的通透感。

06 重点表现玻璃上的反射和投影效果，笔触的排列要准确，完善植物细节。

07　用深色（或黑色）马克笔刻画玻璃框，丰富建筑入口处的细节，完善画面。

范画

$\underline{5.2}$　建筑楼梯体块表现技法

范例

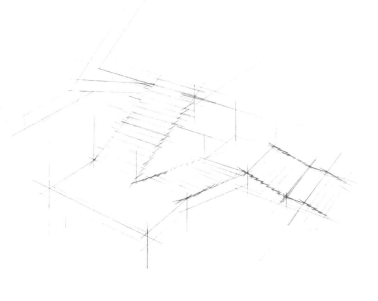

01　画铅笔线稿时应注重思考楼梯的体块结构关系，如上图所示，应尤其注意楼梯的转折、高低和比例的变化。

02　复杂楼梯先用铅笔线条概括，确定楼梯的体块、结构、透视、比例等关系。

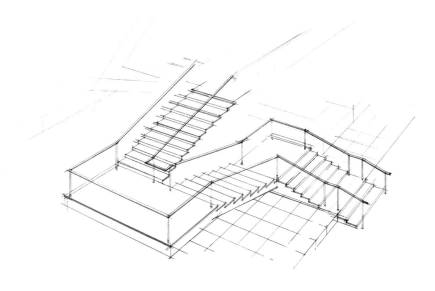

03 用 0.05mm 细针管笔细化铅笔线稿，
　　逐步确定出楼梯的形体、结构。

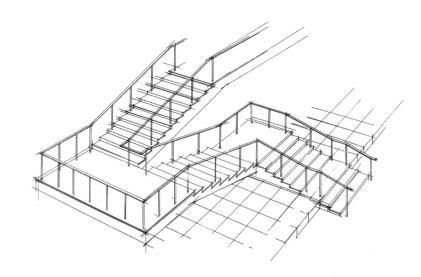

04 完整地确定出楼梯的墨线稿。

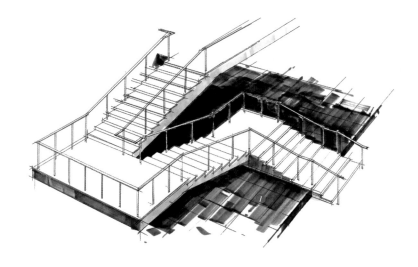

05 地面被楼梯分成了两块，但还是
　　要按照一块地面的表现方法去刻
　　画，注意近浅远深的地面变化。

❶ 黑色的地面不能直接用黑色马克笔表现，
　要提高明度。笔触要按照一个方向排列。

06 丰富楼梯细节，尤其是亮面楼梯
　　 与暗面楼梯的色彩变化。平时要
　　 多观察台阶的结构和色彩的变化。

❷ 此处楼梯色彩浅，留有空白。
❸ 此处楼梯色彩深，画满颜色不留空白，笔
　　触排列要合理。

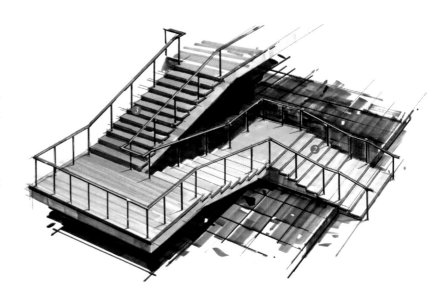

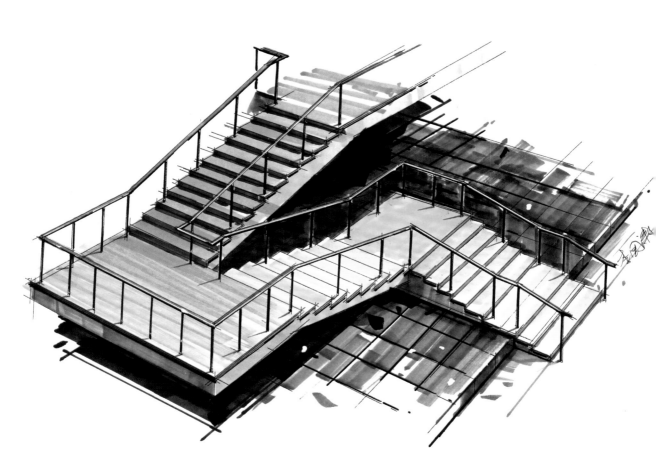

07 在楼梯扶手的位置画出白色高光，使画面效果更加丰富。

5.3 建筑玻璃体块表现技法

 范例一

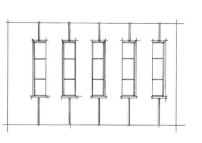

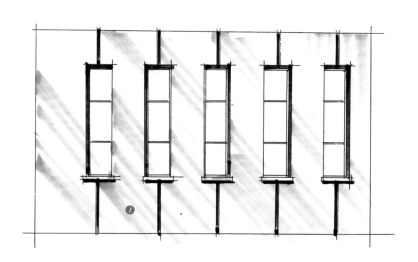

01 画出立面玻璃线稿。

02 马克笔笔触排列应随着光源的方向，下笔应"果断大胆"。

1 马克笔笔触排列的倾斜角度应一致，注意不要把颜色画到线稿外。

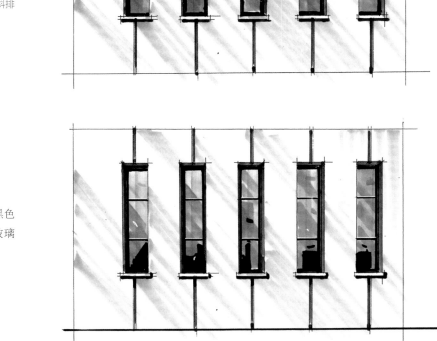

03 画玻璃上的色彩时，采用斜排笔的方式，色彩间留有空隙，以保证视觉上的通透感。

❷ 先用浅蓝色铺一遍底色，再用深蓝色斜排笔画出细节。窗框用深黑色刻画。

04 在玻璃上添加一些深灰色或黑色的色块（如右图所示），让玻璃看起来更加明亮。

范例二

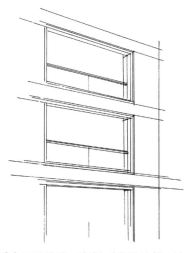

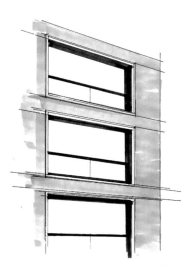

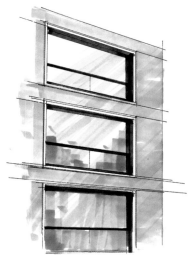

01 画线稿时，玻璃与窗框的比例、结构、透视等是应重点注意的地方。

02 沿着墙面的结构铺灰色，窗框采用墨绿色来表现。

03 刻画蓝色玻璃，此处可以灵活地排列马克笔笔触，使画面更加生动。

04　刻画出窗框的投影，以增加画面
　　的立体感。

范例三

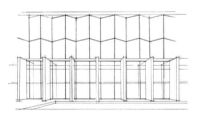

01　画出玻璃幕墙线稿。

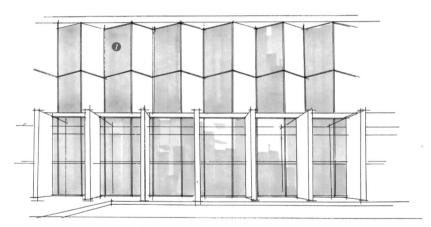

02　画出浅蓝色的玻璃，马克笔笔触排列要合理。

❶ 马克笔笔触从上到下排列，浅蓝色作为玻璃的底色，为后续的深入刻画打下基础。

03　丰富玻璃上的色彩与笔触细节。

❷ 适当刻画亮面玻璃上的浅蓝色，注意留白。

04 用深色刻画玻璃的窄边框。玻璃
　　的反射、投影要符合实际环境。

❸ 玻璃幕墙底部的反射效果要适当进行修饰。

05 为玻璃幕墙添加白色高光，强调细节，丰富画面。

范例四

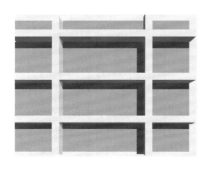

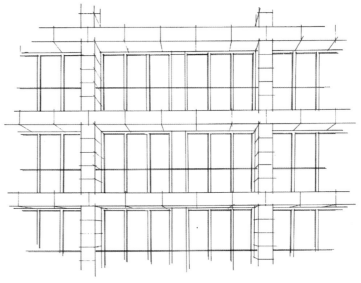

01 墙体体块、玻璃体块和投影是整
　　幅图的表现重点。

02 在表现复杂的形体时，应严格刻画结构细节，为后续上色奠定基础。

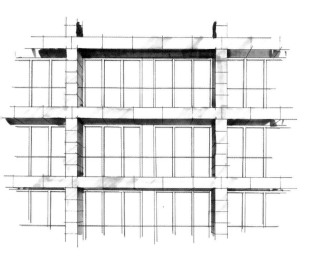

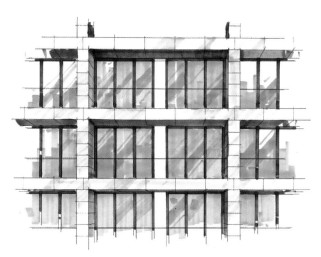

03 确定体块的明暗关系，注意马克笔的运笔方式和笔触的排列方向。

04 刻画大面积的玻璃时，要注意笔触的排列和色彩的深浅变化。

05 用深色刻画玻璃框，注意玻璃框正面与侧面的明暗变化。

06 刻画出玻璃的反射效果与光照感。想要刻画得真实，平时应多观察玻璃窗实物。

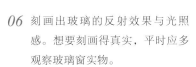

5.4 建筑窗洞体块表现技法

范例一

01 画出线稿，线稿应"干净整洁、清晰明了"。

02 添加色彩，马克笔笔触应排列合理（尝试画得看不到笔痕）。

03 把体块都添加上色彩，分析颜色之间是否协调，此时若对色彩不满意可以及时调整。

04 刻画出玻璃上的投影与反射细节，使画面看起来更加真实。

范例二

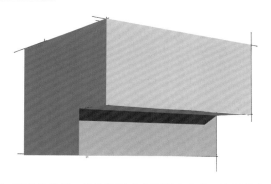

01 观察此建筑，将其概括成上下两个体块，这是最基本的分析结果。

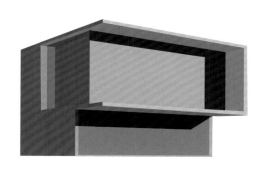

02 在上一步的基础上刻画出具体的形体体块穿插关系。

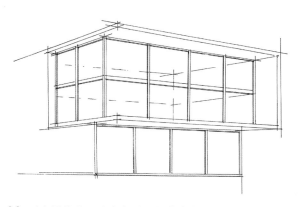

03 画出墨线稿，确定窗子的具体内容，室内的空间感也要画出来。

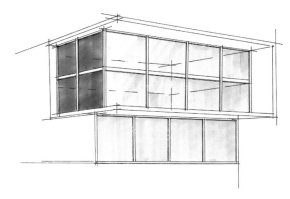

04 用浅蓝色画出亮面玻璃，用深蓝色画出暗面玻璃。马克笔笔触要排列工整。

05 用暖灰色刻画建筑外立面，重点刻画建筑体块的明暗变化。

06 用墨绿色刻画窗框，大窗搭配窄框可以凸显其"清秀"。

07 在玻璃上画出蓝色马克笔笔触，可强调玻璃的光影效果，但注意不要画到线稿以外。

ℹ 把所有的玻璃看成一个大的体块，分为亮面和暗面，亮面玻璃有"近亮远暗"的渐变效果。

08 底层玻璃会反射出周边环境，注意增加玻璃上的细节。

范例三

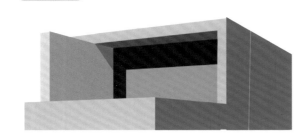

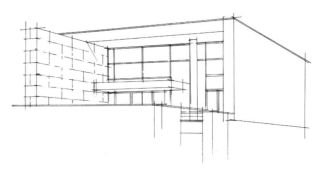

01 观察此建筑，分析建筑入口处的体块、建筑的穿插结构，以及投影关系。

02 勾画出墨线稿，应结构清晰、线条流畅。

03 用暖灰色画出建筑体块的基本色彩，马克笔笔触排列要合理（如右图所示）。

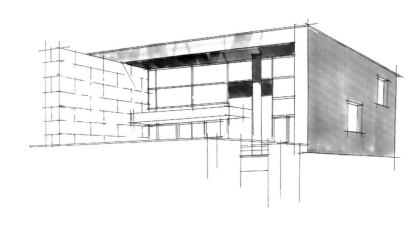

04 用暖黄色刻画建筑左墙的固有
　　色。因为大面积的玻璃都处在阴
　　影下，所以玻璃多用深蓝色上色。

05 通过刻画玻璃上细小的结构来反
　　映内部空间，使视觉效果更丰富。

❶ 透过玻璃隐约可以看到室内空间。玻璃颜
　色深浅的变化可以反映室内的空间。

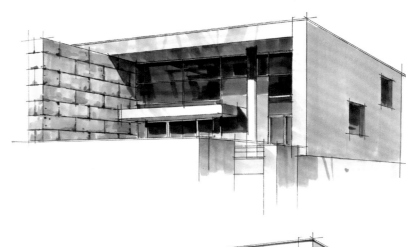

06 丰富左侧文化墙上砖块的细节，
　　注意刻画砖块的色彩变化。

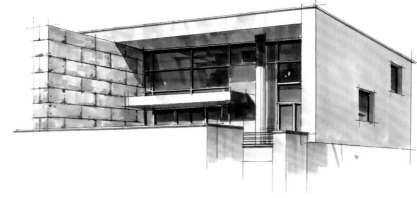

07 刻画窗框细节，添加白色高光。

范例四

01 观察此建筑，分析建筑体块与体块之间的穿插关系和 投影的位置。

02 用铅笔起稿，画出复杂的建筑体块。用针管笔确定建 筑线稿，为后续上色打下基础。

03 用暖灰色刻画建筑暗面，马克笔 笔触应排列工整。

04 用浅暖灰色表现建筑亮面，刻画 亮面的马克笔笔触应是斜向排列 的。大致确定投影位置。

❶ 斜向排列的笔触多用于表现光线的方向和 光影的质感。笔触方向基本保持一致就好， 注意颜色不要画到线稿外。

05 大面积的玻璃要有远近的色彩变 化效果，用斜向排列的马克笔笔 触表现光影效果。

❷ 把多块小玻璃统一看作一整块大玻璃，整 块玻璃要有明度和纯度变化，注意丰富玻 璃的整体效果。

06 刻画玻璃框的细节。

07 添加投影，使画面更有空间感。

范画

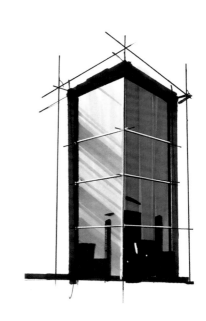

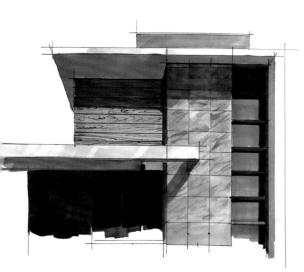

5.5 建筑亭廊体块表现技法

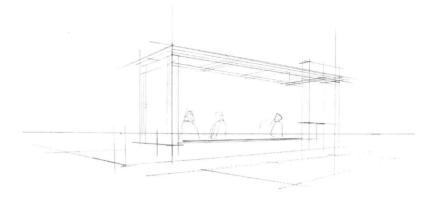

01 观察此建筑，概括其体块关系。对建筑体块的概括是对复杂形体的总结、归纳和理性分析的结果。

02 画出铅笔线稿，确定结构、透视、比例。正确理解体块间的穿插关系。

03 勾画出墨线稿，确定亭子的形体结构。

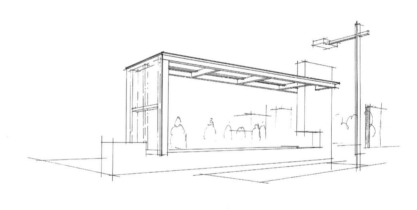

04 黑色金属框架用深灰色来表现。用深灰色画出框架的结构。

! 现实中的黑色金属，在效果图中都用深灰色来表现。

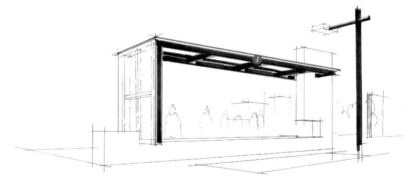

05 用蓝灰色表现混凝土材质，先用浅灰色画出混凝土的总体色调。

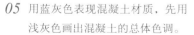

06 玻璃遮挡了框架，注意表现出框
　　架透过玻璃若隐若现的效果。

❷ 画出透过玻璃看到的内部结构的效果，此
　　处要用概括的虚实手法来表现。

07 远处景观起到陪衬主体的作用，
　　采用前实后虚的方式表现。

范例二

01 此建筑为一点透视，体块相对简
　　单，主要表现其近大远小的形体
　　变化。

02 画出铅笔线稿，确定视平线、消失点和框架的穿插结构。

03 用墨线画出具体的框架结构，重
　　点是框架结构的穿插关系。

04 画出金属框架的固有色，要分清
　　亮面与暗面。

❶ 用中灰色马克笔刻画所有框架结构（不分
　　灰面和暗面），再用深灰色马克笔刻画框
　　架暗面，这样刻画较快。

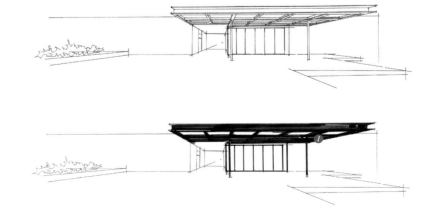

05 用斜向排列的马克笔笔触表现出暖灰色墙面的光影。用浅蓝色表现玻璃。

06 调整整体细节。详细刻画天空与玻璃的细节，注意玻璃上的投影与地面上的投影应保持一致。

5.6 建筑立面体块表现技法

范例一

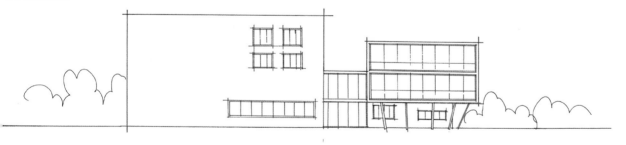

01 刻画出建筑立面，立面的宽与高的比例最为重要。画出植物的大致轮廓。

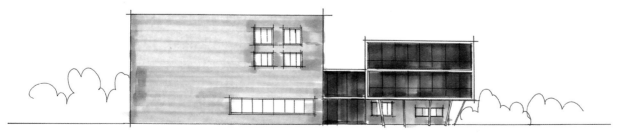

02 暖灰色的墙面和玻璃采用平排排列的马克笔笔触表现。

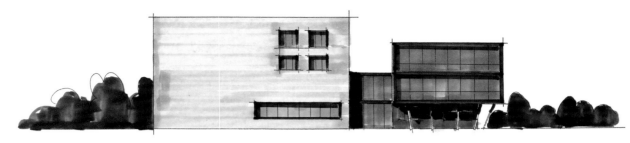

03 刻画窗洞细节，用投影大小反映建筑的前后空间距离。建筑两边的乔木起到陪衬主体的作用，注意刻画。

04 刻画出玻璃上的反射细节。玻璃反映出建筑周围的环境，会更有真实感。完善画面整体细节。

范例二

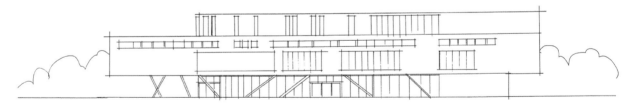

01 画出初步线稿。建筑立面的宽、高比例最为重要，楼层的划分要清晰。

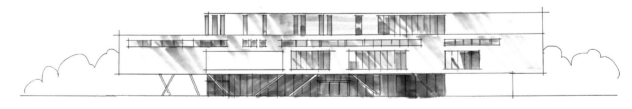

02 用玻璃色彩的深浅变化反映玻璃的前后空间距离。颜色浅、距离近，颜色深、距离远。

03 用投影反映出建筑的空间距离。

04　建筑周围的植物能起到丰富画面、陪衬主体的作用。植物采用墨绿色的竖向排列马克笔笔触来表现。

05　添加天空来丰富画面效果，用白色刻画玻璃细节。

范例三

 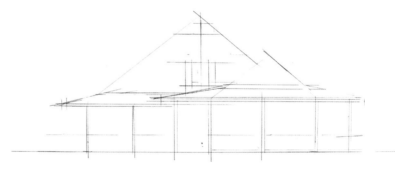

01　分析两个建筑的前后关系，画出　　*02*　确定两个建筑的基本形态。
　　　两个体块前后的位置。

03　用铅笔刻画建筑的细节。

04 用墨线刻画建筑的细节，应刻画
清晰，然后刻画出精细的前景
植物。

05 前后两个建筑的色彩明度要有深
浅变化。

06 添加浅蓝色玻璃，玻璃的蓝色与
建筑外立面的蓝色要有差异。

07 丰富建筑周围的植物（植物的色
彩要统一）。这个案例也属于一
点透视。

08　完善建筑细节，天空用彩色铅笔表现。注意整幅图的主色是蓝色，但是蓝色要有变化。

范例四

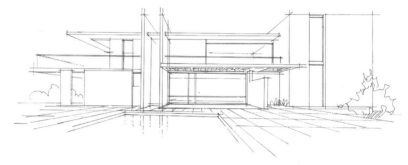

01　观察此建筑，概括其体块关系。
　　　读者应建立起体块观念：复杂的
　　　形体要概括成几个体块，再分析
　　　体块的透视、比例、投影关系等。

02　用针管笔确定建筑的整体结构与门窗等细节。

03　确定建筑主体为暖色，分清建筑
　　　亮面与暗面。右边墙体用彩色粉
　　　笔表现。

❶ 先把彩色粉笔涂抹在墙面上，再用柔软的
纸张揉擦，使色彩尽量融进画纸内。

04　用浅蓝色画玻璃。此处的马克笔
　　　笔触既要斜向排列，又要竖向
　　　排列。

❷ 马克笔有两种表现方法：有笔触和无笔触。
这两种表现方法都非常重要。

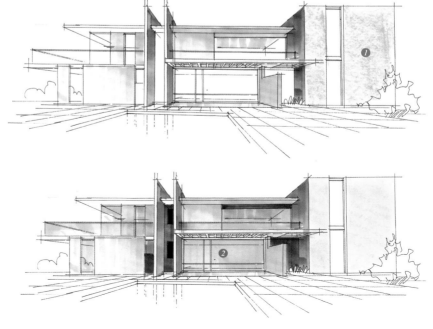

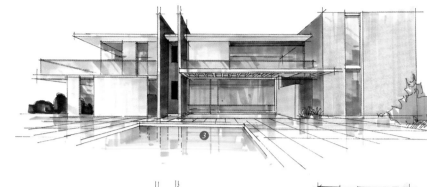

05 水面的浅蓝色与玻璃的浅蓝色不同。在玻璃上画出一些明暗光细节，以增强玻璃质感。刻画周围植物。

❸ 水面采用平排排列笔触来表现。

06 玻璃框用深色（可接近黑色）刻画，使玻璃更有空间感。刻画出周围植物的细节。

07 为玻璃添加白色高光，使玻璃更有光感。添加天空等细节，天空的画法不限。

5.7 室内空间体块表现技法

范例一

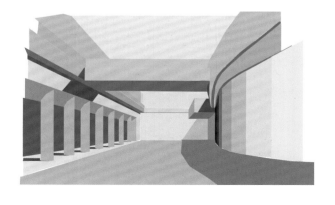

01 观察此建筑，概括其体块关系。室内体块与建筑体块的分析方法相同，即把复杂形体概括成简单块面。

02 用针管笔勾画线稿，确定室内空
间的比例及结构。家具要刻画得
形象、生动。

03 用浅蓝色表现玻璃及其他细节，
此处的重点是马克笔笔触的排列。

04 用暖灰色刻画室内空间，用鲜艳
的色彩表现家具。

05 室外远景植物用浅灰绿色表现，能起到烘托室内空间的作用。完善画面细节。

范例二

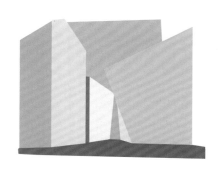

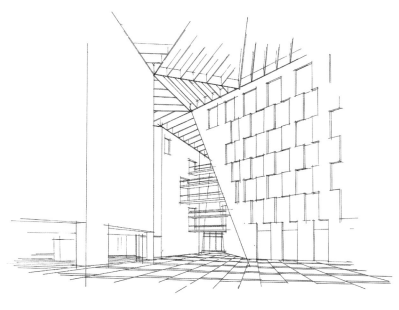

01 观察此建筑，分析建筑的内部空间关系，主要是区分体块间的关系。

02 用铅笔起稿，用针管笔确定建筑内部空间的地面、墙面、玻璃等。

03 用灰色粉笔填充大面积墙体。粉
笔的优点是易于表现大面积体块。

❶ 此处用前面讲过的彩色粉笔的表现方法。

04 顶部玻璃的颜色浅，墙面玻璃的
颜色略深，要表现出一定的变化，
这样可以使色彩更加丰富。

❷ 用橡皮擦出几条白线表示光线效果。

05 用白色高光笔刻画出地面细节。

范画

第 6 章

单体建筑手绘体块表现技法

6.1 小别墅建筑体块表现技法

范例一

01 参照照片绘画或是实地写生时，首先应概括出建筑基本的体块（是正方体、长方体还是其他形状），然后画出体块之间的穿插、比例和投影关系。

02 画出墨线稿，确定别墅形体，重点是建筑体块的比例、结构、透视关系，各个体块都要清晰地表现出来。

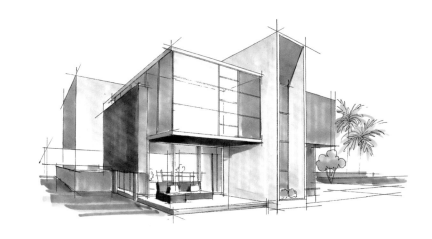

03 用暖灰色画出别墅固有色，同时区分出它的亮面与暗面。画出植物的色彩。

04 室内有暖黄色光源照射的玻璃效果，比较难画。刻画出左侧砖块细节，色彩要有变化。

❶ 室内光为暖黄色，玻璃为浅蓝色。两种颜色的比例可以酌情处理，也可以根据实际情况刻画。

05 刻画出别墅配景。近处草坪用浅绿色表现，用水平排列的马克笔笔触刻画。远景的乔木、灌木用深绿色表现，用竖向排
     列的马克笔笔触表现。

范例二

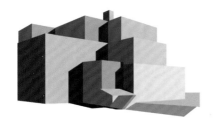

01 观察此建筑，明确建筑体块的基
     本结构。确定形体的透视、比例、
     投影位置。为后续画线稿打下
     基础。

02 用针管笔确定别墅的透视、比例、结构，线条要流畅。画出周围植物。

03 确定别墅主体为暖黄色。再确定
     玻璃的颜色，区分出玻璃的亮面
     和暗面。

04 刻画别墅主体的色彩。刻画投影，反映建筑物的空间关系。

05 用多种绿色表现别墅周边植物，以丰富画面色彩。

06 用墨绿色刻画窗框局部细节。别墅投影采用深黑色表现，加强画面的空间感。

范例三

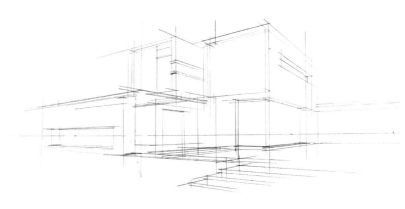

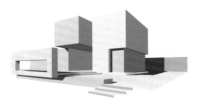

01 观察此建筑，分析建筑体块及体块之间的空间穿插关系。

02 画出铅笔线稿，基本确定别墅体块的透视、比例和结构。

03 用针管笔确定别墅细节，如地面、窗户、框架等。

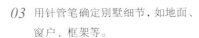

04 用灰色铺出别墅主体色调，并且区分出亮面与暗面。

05 丰富别墅的固有色。

06 用颜色区分出别墅的材质。区分
玻璃的亮面和暗面色彩，但应注
意色彩间的反差不能太大。

07 投影要能反映出建筑与建筑构件
间的关系，以便强调光影对建筑
的影响。完善画面。

08 采用浅蓝色粉笔涂抹大面积的天空，再用橡皮擦掉多余的蓝色。最后用彩色铅笔排一些线，表现天空细节。

范画

6.2 公共建筑体块表现技法

范例一

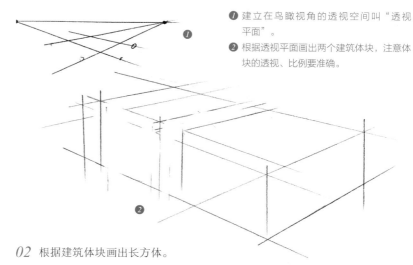

① 建立在鸟瞰视角的透视空间叫"透视平面"。
② 根据透视平面画出两个建筑体块，注意体块的透视、比例要准确。

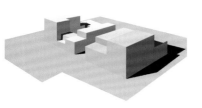

01 观察建筑，概括出形体体块，体块的大小、透视、比例要理性地分析。

02 根据建筑体块画出长方体。

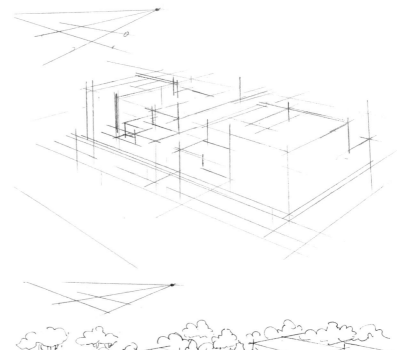

03 在两个长方体体块的基础上"修剪"出具体的建筑结构。

04 用针管笔确定建筑的具体结构。丰富建筑形体，以及建筑周边的乔木和草坪等。

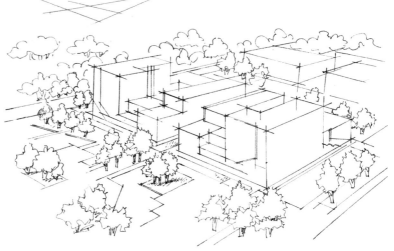

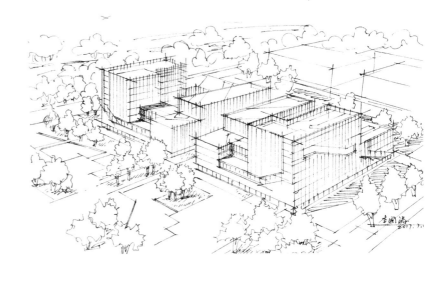

05 用针管笔刻画出建筑结构的细
节，丰富画面。

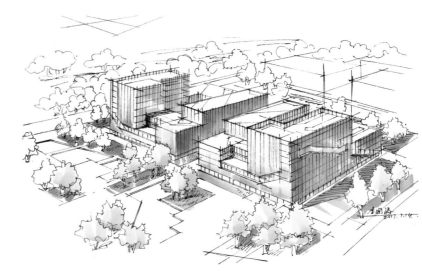

06 确定建筑主体色彩。用浅蓝色刻
画玻璃，此时马克笔笔触平行排
列。完成第一遍的铺色。

07 用浅绿色（偏暖色）刻画近处植
物，用深绿色（偏冷色）刻画远
处植物。植物的颜色形成"近暖
远冷"的色彩变化。这是铺第二
遍色彩。

08 用深黑色刻画建筑转折处的细节和投影。远处植物用墨绿色刻画，主要作用是突出建筑主体。

范例二

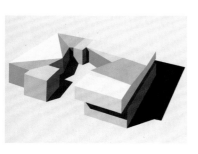

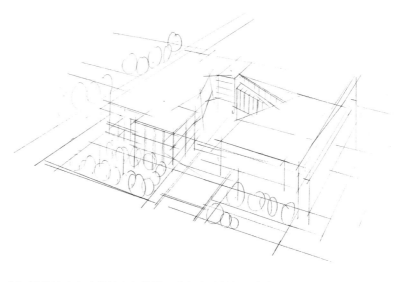

01 观察此建筑，概括其体块关系。

02 用铅笔确定建筑的空间位置。将复杂建筑概括为简单体块，将乔木等植物概括成圆形。

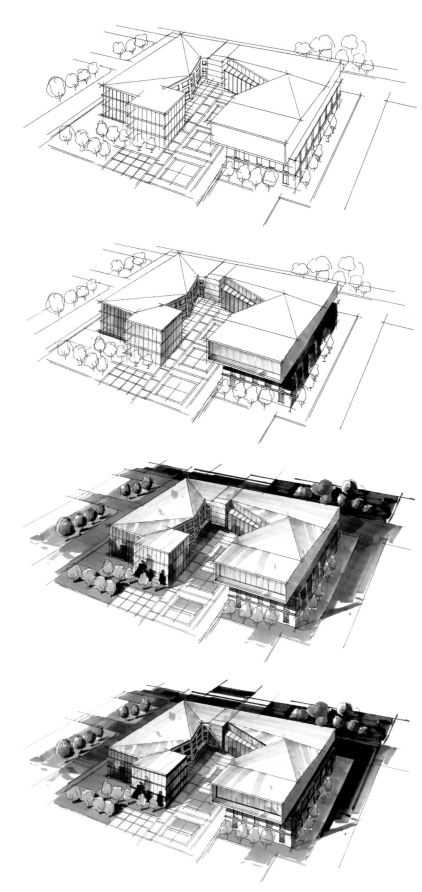

03 画出墨线稿确定建筑比例和建筑
   结构的穿插细节，为后续着色打
   下基础。

04 确定玻璃颜色，亮面用浅蓝色表
   现，暗面用深蓝色表现。

05 用浅暖绿色刻画近景植物（草坪、
   乔木），用中绿色刻画中景植物，
   用深绿色刻画远景植物，形成近
   暖远冷的视觉效果。地面同样也
   要有深浅变化。这些景物主要起
   烘托建筑主体的作用。

06 用深黑色画窗框，起到强化建筑
   体块感的作用。

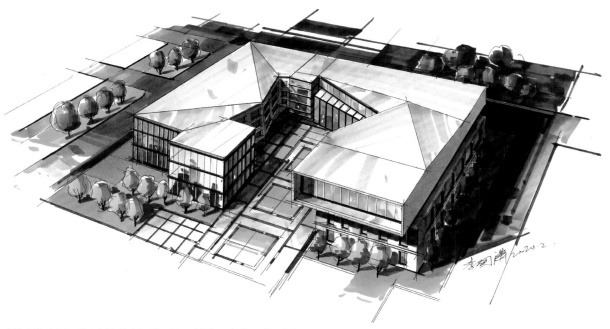

07 用深黑色强调建筑前广场地面上的拼花，丰富细节，增强画面的空间感。

范例三

01 观察此建筑，确定建筑体块结构，
主要为 3 个长方体。

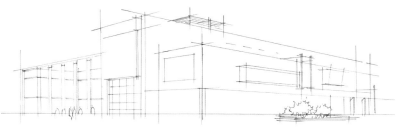

02 画出建筑体块线稿，建筑周边的配景植物可以后续逐步添加。

03 确定建筑的基本色彩，明确建筑亮面与暗面的色彩倾向。

04 强调玻璃的反射细节，用深色画出窗框和建筑投影细节，用细节丰富画面效果。

范例四

01 观察此建筑，该建筑的体块比较
复杂，分析时应注意体块的朝向、
大小变化较大。

02 画出铅笔线稿，确定建筑体块的穿插、朝向，明确建筑的比例与结构，完善
画面。

03 用针管笔精准描绘出建筑细节，
画出足够多的建筑结构和周围植
物细节。

04 确定建筑玻璃为蓝绿色，竖向排
列马克笔笔触。

05 建筑主体选用暖灰色表现，注意区分出建筑亮面与暗面的色彩变化。

06 建筑的投影位置、大小都能反映建筑结构的变化。丰富植物、玻璃的色彩。

❶ 投影的色彩是会随着投影位置的材质变化而变化的。如投影在玻璃上就是蓝色投影，投影在草地上就是绿色投影。

07 完善建筑窗框和植物细节，丰富画面内容。

6.3　住宅建筑体块表现技法

范例一

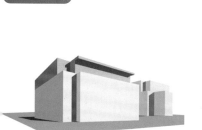

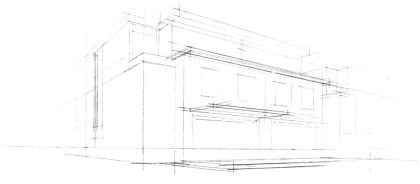

01 观察此建筑，主体建筑体块较简单，结构清晰完整。

02 画出铅笔线稿，确定建筑体块间的穿插关系，建筑形体的透视、比例、结构是重点。

03 用墨线细化建筑门、窗结构，同
时思考色彩的变化。

04 将建筑基本色定为暖灰色。上色
时应区分出建筑的亮面与暗面。

❶ 亮面多采用斜向排列笔触表现，以增强视
觉效果。

❷ 因为暗面不需要过多的笔触，所以采用竖
向排列的笔触来表现。

05 刻画建筑的不同材质，注意表现
建筑亮面与暗面的色彩倾向。

06 用浅蓝色刻画玻璃，注意投影和
暗面处的玻璃色彩要加深。丰富
植物的色彩。

❸ 植物色彩主要用暖色系来表现，如浅黄绿
色、黄绿色、浅黄色、浅红色等。

07 用深黑色强调窗框细节，同时刻
　　画出底层玻璃上的反射效果。

❹ 玻璃上的反射颜色主要由实际环境色彩决
　 定，经过概括、总结，得到一个整体效果。

08 用马克笔为天空上色时，运笔要大胆灵活。完善画面细节。

范例二

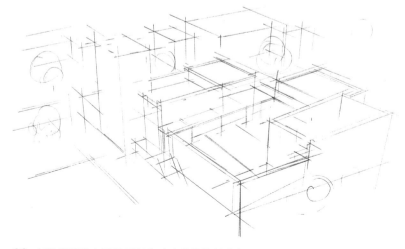

01 观察此建筑，该建筑体块较多，
　　但是体块的结构形态比较简单。

02 在铅笔线稿上可以反复修改建筑体块的结构、透视、比例。

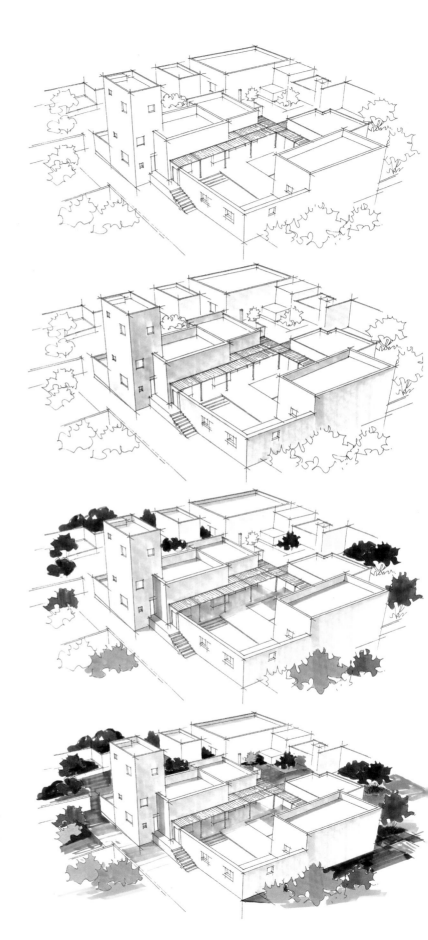

03 用针管笔刻画建筑细节。

04 用竖向排列的马克笔笔触，划分
出建筑的明暗关系。

05 近景为暖绿色植物，中景为中绿
色植物，远景为墨绿色植物，注
意表现出一定的空间变化。

06 近处地面为浅灰色，远处地面为
深灰色，这样地面也形成了色彩
上的变化。丰富配景的色彩以突
出建筑主体。

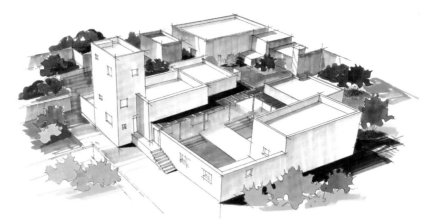

07 用蓝色刻画水面，刻画建筑投影
的色彩，丰富建筑周围环境的
细节。

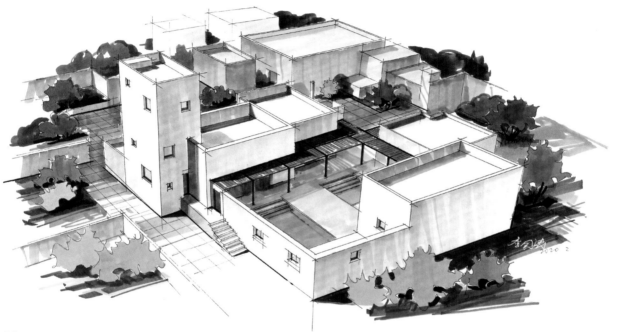

08 刻画玻璃颜色与整体结构细节，加深建筑投影的色彩。

6.4 商务会所建筑体块表现技法

范例一

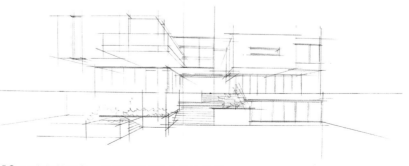

01 观察此建筑，一点透视建筑体块，
结构变化比较简单。

02 画出铅笔线条，确定建筑整体的体块关系。

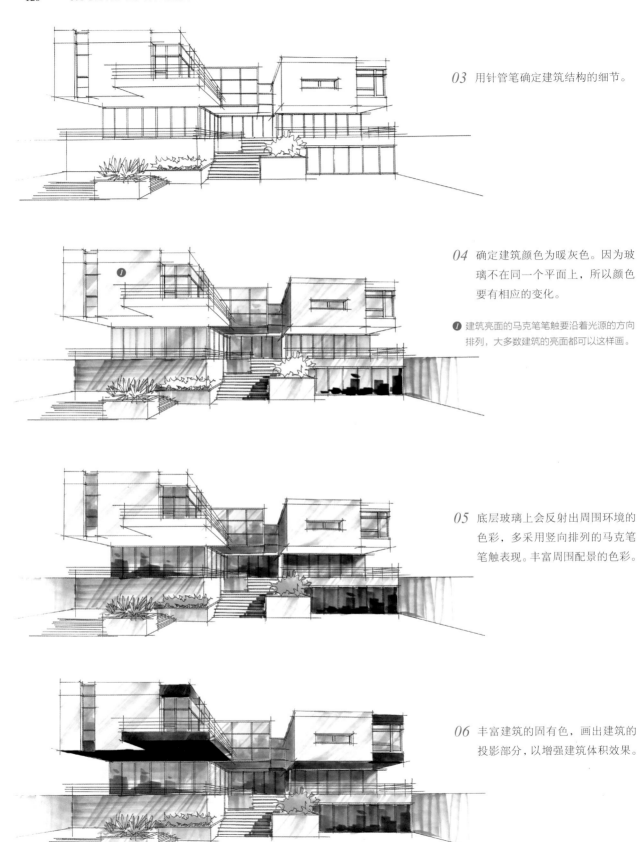

03 用针管笔确定建筑结构的细节。

04 确定建筑颜色为暖灰色。因为玻璃不在同一个平面上，所以颜色要有相应的变化。

❶ 建筑亮面的马克笔笔触要沿着光源的方向排列，大多数建筑的亮面都可以这样画。

05 底层玻璃上会反射出周围环境的色彩，多采用竖向排列的马克笔笔触表现。丰富周围配景的色彩。

06 丰富建筑的固有色，画出建筑的投影部分，以增强建筑体积效果。

07　刻画建筑的窗框和投影细节，用浅蓝色粉笔表现天空。丰富画面细节。

范例二

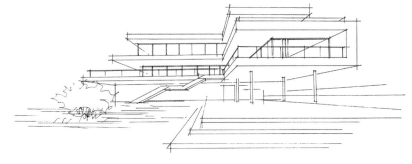

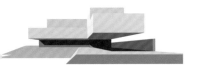

01　观察此建筑，一点透视建筑体块的分析与表现都比较简单。

02　确定建筑体块间的穿插关系，线稿尽量刻画精细。

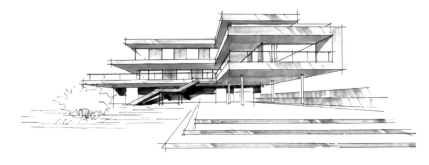

03　确定冷灰色为建筑的固有色。上色时，马克笔笔触应随着建筑形体的变化而灵活排列。

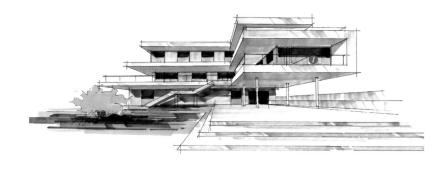

04　用浅蓝色刻画玻璃，注意玻璃上的投影位置是否正确。画出周围配景的色彩。

❶　玻璃上的投影色就用玻璃颜色的深色。

05 投影是体现建筑体量感的关键，投影颜色的轻重可以参考建筑主体色彩的明度来确定。

❷ 投影不能是一块黑色，仍然要有色彩和笔触的变化。

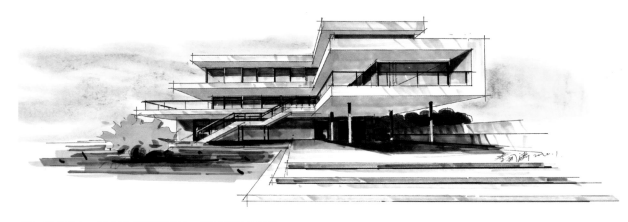

06 刻画天空，强调建筑窗框细节，使画面更加完整。

范例三

01 观察此建筑，单体建筑的体块错落有致，本建筑体块的方向和透视有一些变化。

02 用针管笔确定建筑细节。

03　选用蓝绿色作为玻璃的颜色，采用竖向排列的马克笔笔触工整地刻画玻璃。

❶ 玻璃的色彩要和画面统一。

04　确定建筑固有色，区分出建筑体块的明暗变化。为周围配景上色。

05　丰富建筑环境色彩，用暖灰色表现地面。

06　刻画建筑窗框细节和建筑的投影。玻璃上会反射出环境色，丰富整体画面。

6.5 办公楼建筑体块表现技法

范例一

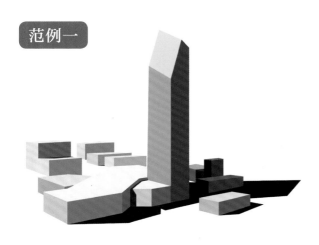

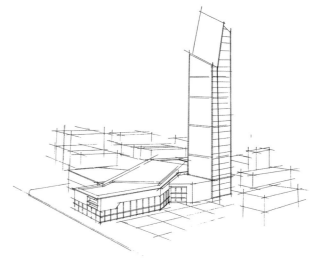

01 观察此建筑，概括出建筑体块，分析建筑投影的位置。

02 用针管笔确定建筑的具体结构。

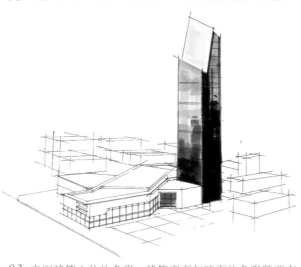

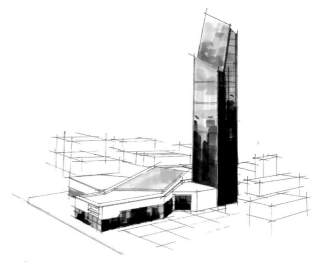

03 丰富建筑主体的色彩，建筑亮面与暗面的色彩既要有差别又要统一。

04 建筑底层玻璃的反射效果应概括画出，不能画得过满。建筑高层玻璃的反射颜色是天空的浅蓝色。

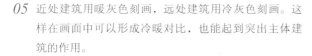

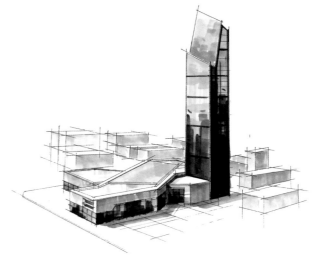

05 近处建筑用暖灰色刻画，远处建筑用冷灰色刻画。这样在画面中可以形成冷暖对比，也能起到突出主体建筑的作用。

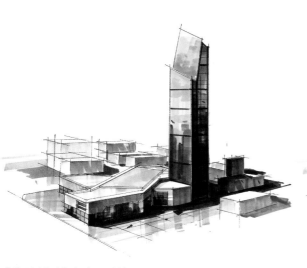 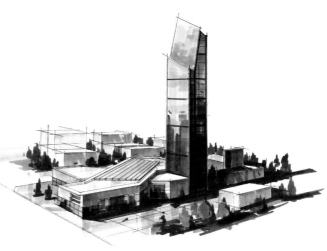

06 选用暖灰色表现建筑周边地面，使画面的近景与远景形成冷暖对比。

07 添加植物颜色，植物的色彩同样遵守"近暖远冷"的变化规律。

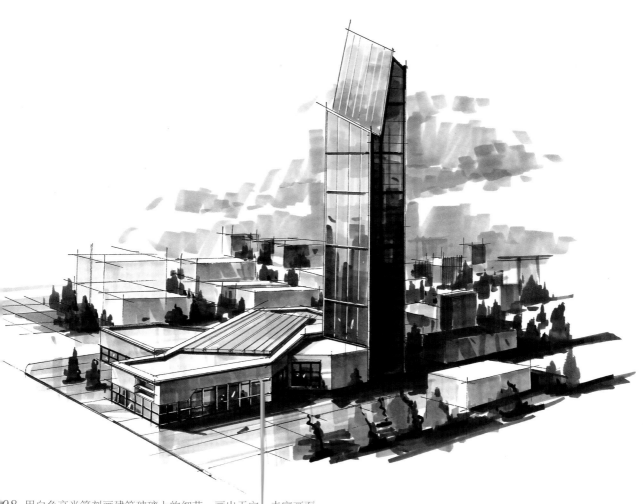

08 用白色高光笔刻画建筑玻璃上的细节。画出天空，丰富画面。

范例二

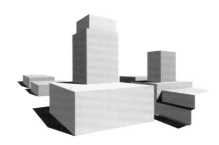

01 观察此建筑，整体建筑呈塔式结构，由 3 个长方体堆砌而成。

02 画出线稿。确定建筑的体块结构，丰富建筑上的玻璃细节。

03 为玻璃上色。此时玻璃的色彩不能画得太满，要为后续深入刻画留有余地。

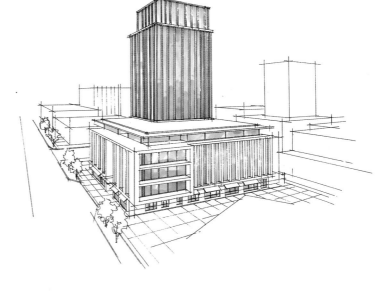

04 刻画建筑细节，确定主体建筑的明暗关系。

05　细化玻璃窗框结构和玻璃上的投
　　影，丰富玻璃的色彩。

06　主体建筑的颜色与周边环境色形
　　成冷暖色彩对比，以便突出建筑
　　主体。

07　选用彩色铅笔画出蓝色天空，完善整体画面效果。

范例三

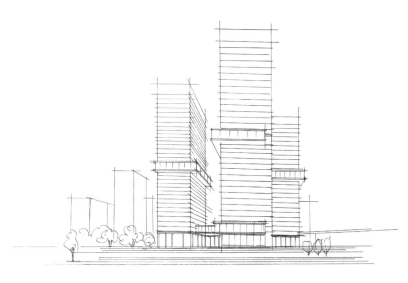

01 观察此建筑,将建筑概括为几个
长方体。

02 明确各建筑的比例与结构,以及建筑间的遮挡关系。

03 确定暖黄色为建筑主体的色彩,
马克笔笔触应灵活排列(可以上
下运笔,也可以左右运笔)。

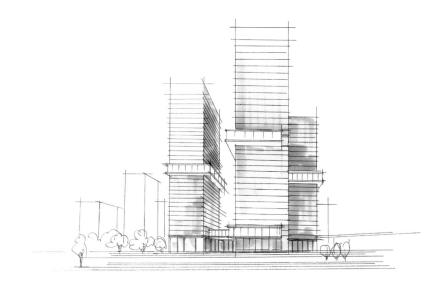

04 刻画出建筑外立面上方与下方色
彩的明度变化,强化玻璃幕墙上
的反射效果。

05 完善建筑主体色彩。用浅蓝色表
　　现天空，起到突出建筑的效果。
　　这个阶段要注意色彩之间的变化
　　与统一。完善整体画面。

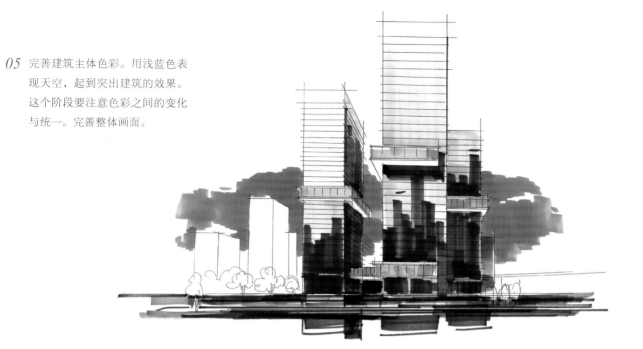

06 刻画建筑玻璃细节，丰富建筑配景。

$\underline{6.6}$ 校园建筑体块表现技法

范例一

01 观察此建筑，概括其体块关系。
建筑体块能反映基本的建筑样式
和结构关系。

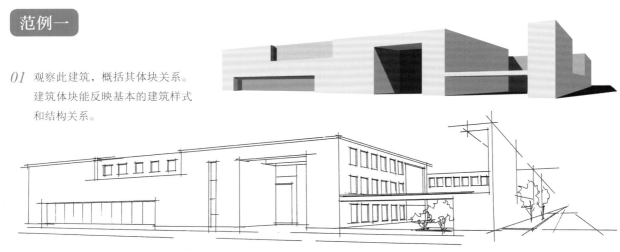

02 用针管笔确定建筑框架、建筑窗洞结构和植物配景等。

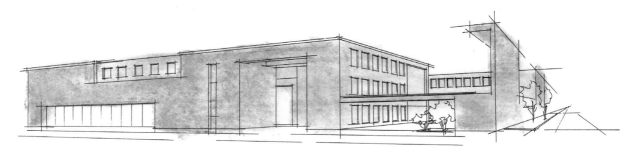

03 用彩色粉笔确定建筑的整体色调。

04 用浅蓝色表现玻璃（将多种蓝色灵活搭配使用）。

05 画出建筑暗面的色彩，注意暗面颜色与亮面颜色在色彩上要统一。丰富周围配景的色彩。

06 远景植物多数采用冷绿色表现，近景植物多采用暖绿色表现。在这个空间中，植物的刻画主要表现在色彩上。

07 完善建筑细节，天空的蓝色与玻璃的蓝色应选择不同的蓝色，即要有所区分。

范例二

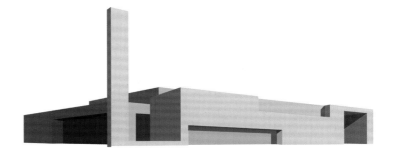

01 观察此建筑，划分出建筑体块的具体位置。在大体块中确定小体块的透视、比例变化。

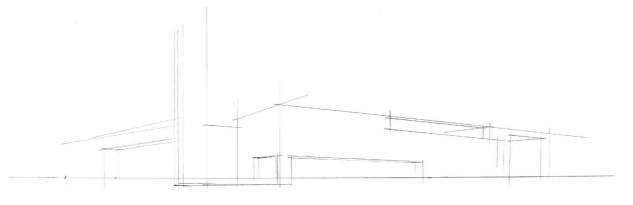

02 用铅笔起稿，确定建筑的透视、比例、结构等。

03 用针管笔确定建筑细节和建筑体块间的前后穿插关系，注意表现清楚。

04 用彩色粉笔确定建筑的基本色彩。

❶ 第一遍用浅色粉笔上色时，可以把建筑的亮面与暗面全铺上同一种颜色。

05 刻画建筑暗面。选用与亮面同色系的颜色表现，马克笔笔触从上到下排列。

06 确定浅蓝色为亮面玻璃的色彩，深蓝色为暗面玻璃的色彩，注意蓝色应为同色系色彩。

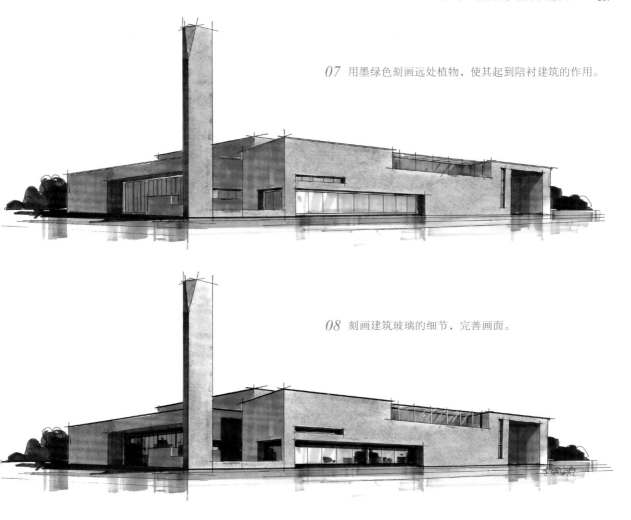

07 用墨绿色刻画远处植物，使其起到陪衬建筑的作用。

08 刻画建筑玻璃的细节，完善画面。

6.7 综合建筑体块表现技法

范例一

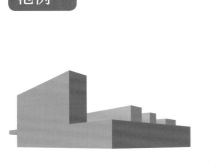

01 观察此建筑，把复杂的建筑结构概括成几个大的长方体体块。各体块的比例、结构、透视要准确。

02 用墨线笔确定建筑体块结构，注意楼层要画清晰。

03 确定建筑的投影在建筑中的位置，投影要画准确。

04 用蓝绿色表现玻璃。底层玻璃的颜色要深些，顶层玻璃的颜色要浅些。

05 刻画建筑周边植物的色彩，遵循"近暖远冷"的色彩规律。

06 强调建筑暗面（注意不能全都画成深黑色，要有深浅变化），丰富建筑的投影细节。

07 用蓝色粉笔表现天空，丰富画面。

范例二

01 观察此建筑，把建筑结构概括成
长方体体块，并区分出体块之间
的比例、结构变化。

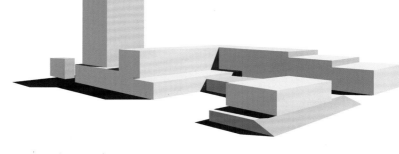

02 用针管笔确定建筑结构，保证建
筑的整体体块基本准确，其他细
节可以后续逐步添加。

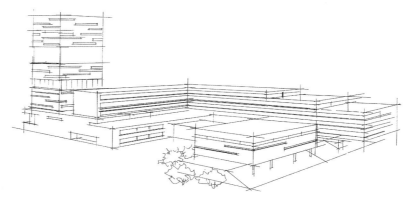

03 用蓝色刻画玻璃，用尺子辅助画
玻璃色彩，这样色彩不会画到线
稿外。

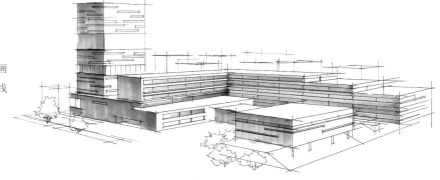

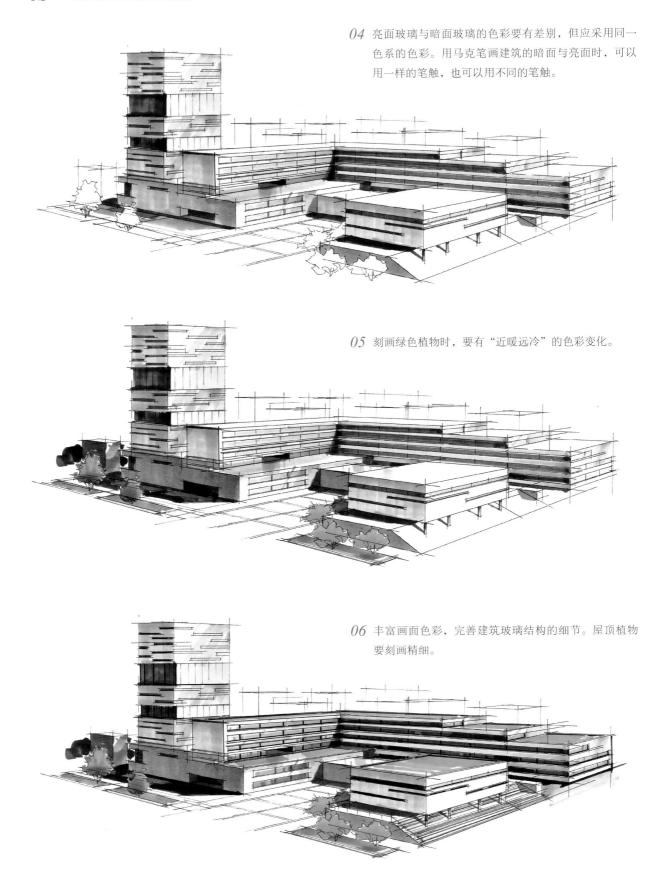

04 亮面玻璃与暗面玻璃的色彩要有差别，但应采用同一色系的色彩。用马克笔画建筑的暗面与亮面时，可以用一样的笔触，也可以用不同的笔触。

05 刻画绿色植物时，要有"近暖远冷"的色彩变化。

06 丰富画面色彩，完善建筑玻璃结构的细节。屋顶植物要刻画精细。

07 用冷灰色刻画远景建筑，起到陪衬主体建筑的作用。强调主体建筑的投影，以增强主体建筑的空间感。丰富整体画面。

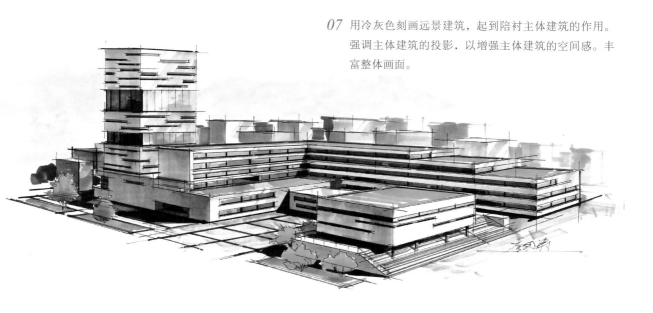

范例三

01 观察此建筑，将建筑概括成几个大的体块，过滤掉细小的建筑结构，目的是把握建筑的整体结构。

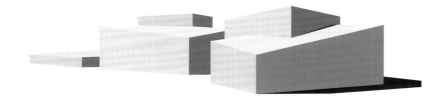

02 画出铅笔线稿，基本确定建筑在画面中的位置、结构、比例。

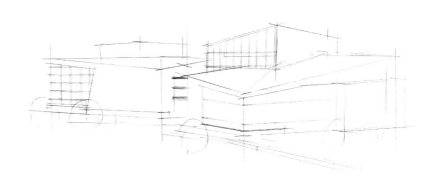

03 用针管笔确定建筑的细节结构及周围配景，线条要疏密有致。

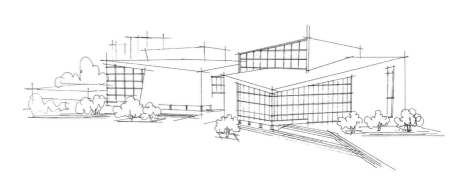

04 确定暖灰色为建筑暗面的色彩，上色时，马克笔笔触竖向排列。

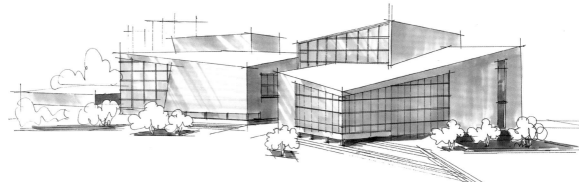

05 用浅蓝色刻画玻璃。建筑亮面的马克笔笔触要随着光源的方向斜向排列，要注意画面的干净整洁。

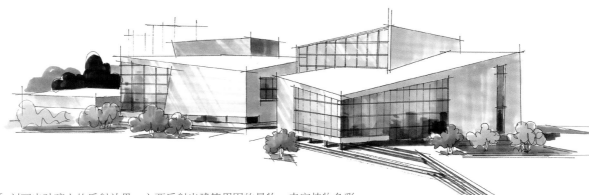

06 刻画出玻璃上的反射效果，主要反射出建筑周围的景物。丰富植物色彩。

07 刻画建筑的窗框细节，以增强建筑体积感，丰富画面。

08 丰富天空细节，完善画面效果。

范画

第7章

建筑手绘作品赏析

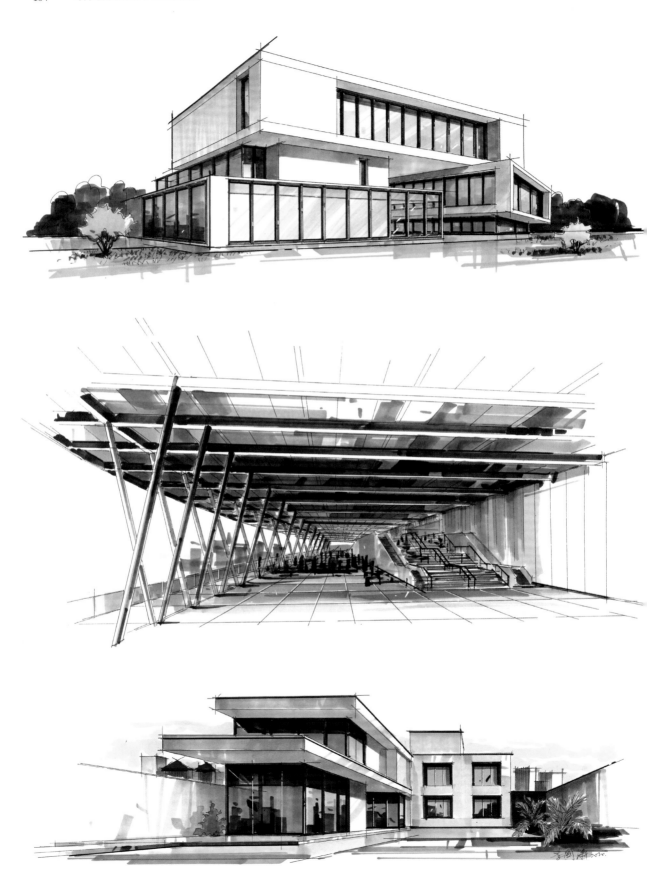

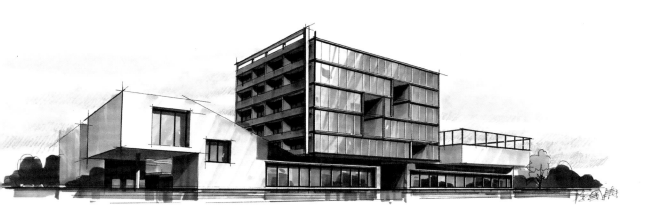

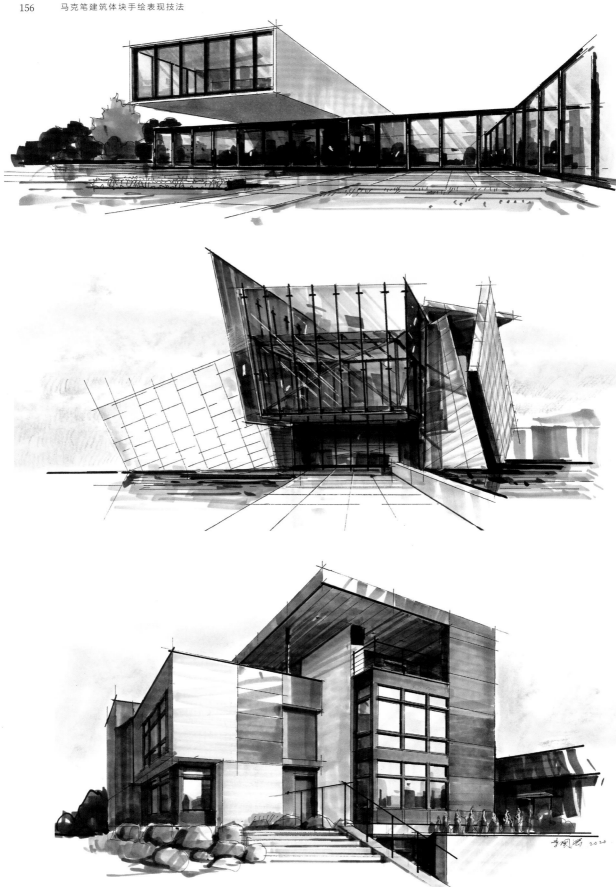

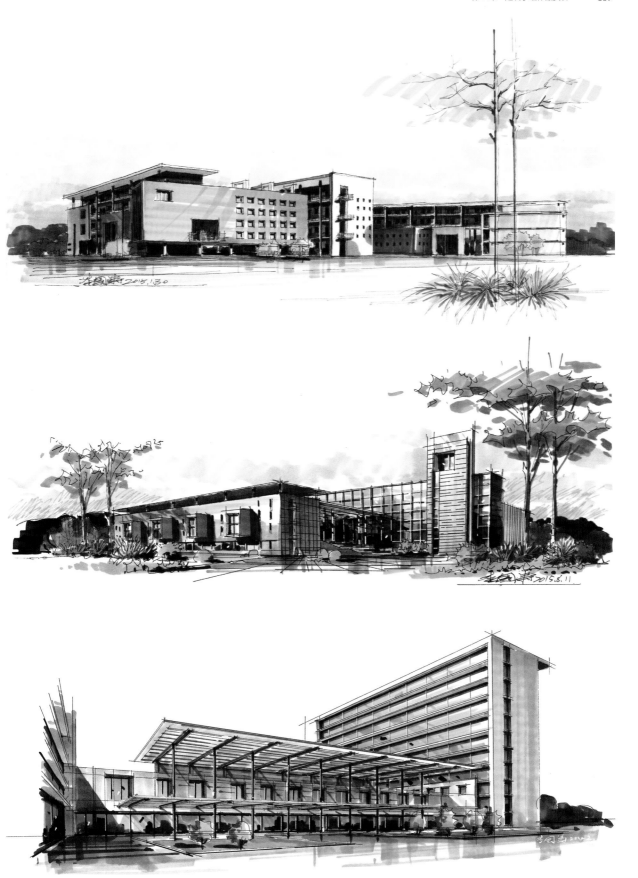

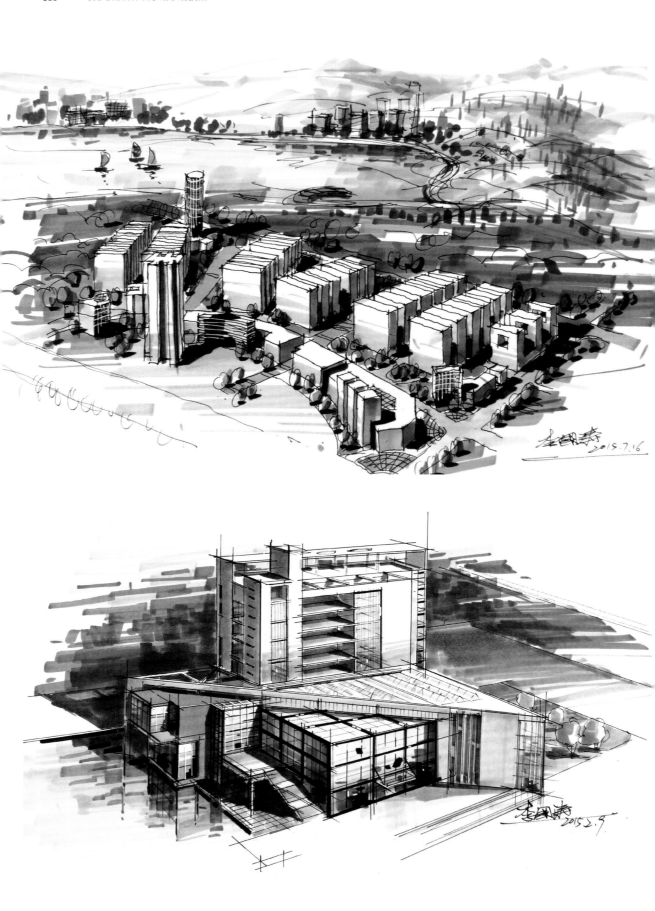

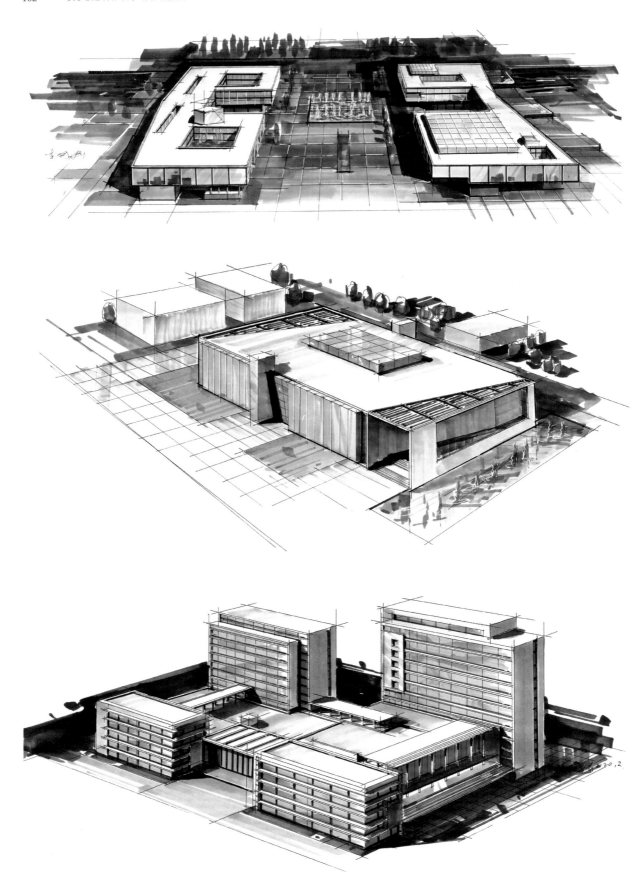

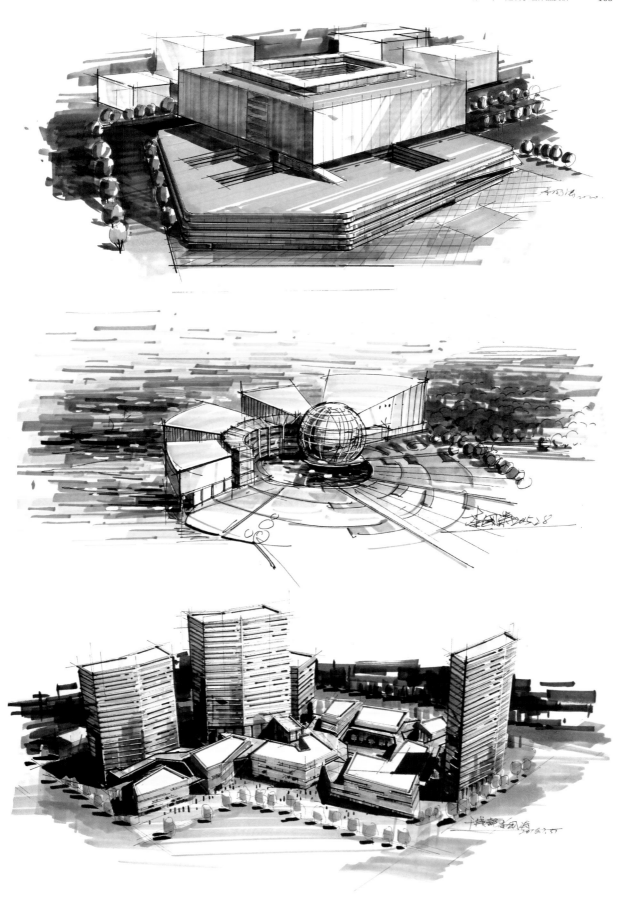

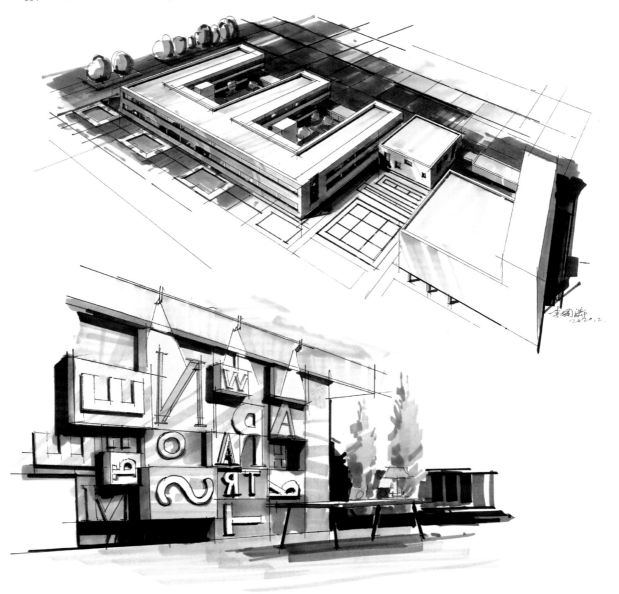

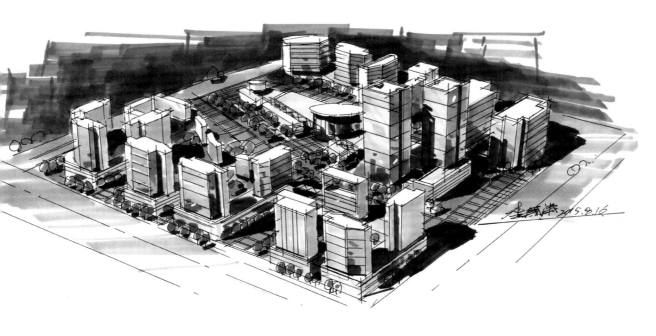